H0268380

VERSTÄNDLICHE WISSENSCHAFT

EINUNDSECHZIGSTER BAND

TARNUNG IM TIERREICH

VON

ADOLF PORTMANN

BERLIN · GÖTTINGEN · HEIDELBERG

SPRINGER-VERLAG

TARNUNG IM TIERREICH

VON

DR. ADOLF PORTMANN

PROFESSOR DER ZOOLOGIE
UND VORSTEHER DER ZOOLOGISCHEN ANSTALT DER UNIVERSITÄT
BASEL

1.–6. TAUSEND

MIT 125 ABBILDUNGEN

BERLIN · GÖTTINGEN · HEIDELBERG

SPRINGER-VERLAG

Herausgeber der Naturwissenschaftlichen Abteilung:
Prof. Dr. Karl v. Frisch, München

ISBN-13: 978-3-642-88347-7   e-ISBN-13: 978-3-642-88346-0
DOI: 10.1007/978-3-642-88346-0

Vorwort

Seit Darwins Hauptwerk über die „Entstehung der Arten" (1859) spielen die erstaunlichen Tarnungen, die vielen Tieren möglich sind, eine große Rolle. Eine unabsehbare Zahl von Einzelstudien beschäftigt sich mit diesen Erscheinungen und manche großen wissenschaftlichen Werke stellen die Ergebnisse dieser Forschungen zusammen.

Unser Bändchen bringt aus dieser Fülle von seltsamen Tatsachen eine Auslese und möchte eine Vorstellung davon vermitteln, wie vielerlei Strukturen des Körpers und besondere Arten des Verhaltens dem Tier zur Tarnung verhelfen können. Diese Auswahl möchte aber auch recht viele Naturfreunde zu eigenen Beobachtungen anregen und damit zu einem vertieften Erleben der Natur führen. Unsere Heimat ist reich an Erscheinungen, zu denen die Beispiele unseres Büchleins hinführen können. Aber auch die Tierhaltung in Aquarien und Terrarien bietet heute viele neue Möglichkeiten; sie bringt die Tiere anderer Zonen zu uns und öffnet neue Quellen der Erfahrung und des Wissens. Vielleicht führt die Freude an der Darstellung mit Stift und Farbe oder die Lust am Photographieren, die heute so viel neue Möglichkeiten bringt, manchen Naturfreund dazu, seine Künste auch auf dem reichen Felde zu üben, auf das unser kleines Buch hinweisen will.

Eine solche Orientierung über tierische Tarnungen muß ein Bilderbuch sein. Ich bin darum manchen freundlichen Helfern für die Beschaffung von Photographien zu Dank verpflichtet, so dem Verlag Beringer und Pampaluchi (Zürich), H. R. Haefelfinger (Basel), E. Hosking (England), H. Traber (Heerbrugg), D. Widmer (Basel) sowie dem Springer-Verlag.

Die anderen Bilder sind zum Teil Originale, andere wurden nach verschiedenen Quellen kombiniert. Alle diese Zeichnungen sind von Fräulein Sabine Baur (Basel) ausgeführt worden. Für ihr verständnisvolles Eingehen auf die Anforderungen dieses Büchleins möchte ich ihr ganz besonders danken.

Basel, im Juli 1956   **Adolf Portmann**

Inhaltsverzeichnis

Literaturverzeichnis

Bates, H. W.: Contributions to an Insect Fauna of the Amazon Valley. Lepidoptera: Heliconidae. Tr. Linn. Soc. Lond. 23, 495—566. Taf. 55, 56. 1861.

Bauer, V.: Das Tierleben auf den Seegraswiesen des Mittelmeers. Zool. Jahrb. Abt. Systematik, Bd. 56, 1929.

Bruns, H.: Warn- und Tarntrachten im Tierreich. Stuttgart 1952.

Chopard, L.: Le Mimétisme, Paris 1949.

Cott, H. B.: Adaptive Coloration in Animals, London 1940.

Cuénot, L.: L'Evolution Biologique. Paris 1951.

Heikertinger, F.: Methodik der Erforschung des Mimikry-Problems einschließlich der Probleme der übrigen schützenden Tiertrachten. Abderhaldens Handbuch der biologischen Arbeitsmethoden 1930.

— Das Rätsel der Mimikry und seine Lösung. Jena 1954.

Henke, K.: Versuch einer vergleichenden Morphologie des Flügelmusters der Saturniden auf entwicklungsphysiologischer Grundlage. Nova Acta Leopoldina Bd. 4, Nr. 18, N. F., Halle 1936.

Jacobi, A.: Mimikry und verwandte Erscheinungen. Braunschweig 1913.

Metzger, W.: Gesetze des Sehens. 2. Aufl., Frankfurt a. M. 1953.

Moss, A. Miles: Sphingidae of Pará, Brazil. Novitates Zoologicae, Vol. 27, Nr. 2, London 1920.

Mostler, G.: Beobachtungen zur Frage der Wespenmimikry. Zschr. Morph. Oekol. Tiere 29, 381—454. 1935.

Parker, G. H.: Animal Colour Changes and their Neurohumours. Cambridge 1948.

Portmann, A.: Die Tiergestalt. Basel 1948.

Poulton, E. B.: The Experimental Proof of the Protective Value of Colour and Markings in Insects in reference to their Vertebrate Enemies. Proc. Zool. Soc. 16, 191—274, 1887.

— The Colours of Animals, their Meaning and Use. Especially considered in the case of Insects. London 1890.

Punnett, R. C.: Mimicry in Ceylan butterflies with a suggestion as to the nature of polymorphism. Spolia Zeylan 7, 25. 1—24, 1910.

— Mimicry in Butterflies, Cambridge 1915.

Steiniger, F.: Warnen und Tarnen im Tierreich. Ein Bildbuch zur Schutzanpassungsfrage. Berlin 1938.

— Die genetische, tierpsychologische und ökologische Seite der Mimikry. Z. angew. Entomol. 1938.

Süffert, F.: Phänomene visueller Anpassung. I.—III. Zschr. Morph. Oekol. 26, 147—316, 1932.

Thayer, G. H.: Concealing coloration in the animal kingdom … being a summary of Abbot H. Thayers discovery. 2. Aufl. New York 1918.

Wallace, A. R.: Contributions to the Theory of Natural Selection. London. Deutsch von A. B. Meyer: Beiträge zur Theorie der natürlichen Zuchtwahl. Erlangen 1870.

Windecker, W.: Euchelia (Hipoerita) jacobaea L. und das Schutztrachtenproblem. Zeitschr. f. Morph. u. Oekol. d. Tiere Bd. 35, 1939.

Einleitung

Der kühne Umriß eines Berges mag uns an das scharf geschnittene Profil eines Gesichtes erinnern — doch werden wir diese Ähnlichkeit als einen Zufall betrachten und ihr keine Bedeutung zuschreiben. Und wenn auf dem dunklen Brustschild eines Nachtfalters ein helles Muster den Umriß eines Totenkopfes zeigt, so sehen wir in dieser Figur eine der vielen Seltsamkeiten aus dem Kuriositätenkabinett einer überreichen Formenwelt der Insekten. Gleicht aber ein lebendiges Wesen einem Blatt oder einem dürren Ast, so gibt uns dies zu denken! Ist es doch leicht einzusehen, daß diese Art von Ähnlichkeit sehr oft einen Sinn hat, daß sie im Leben des Tieres eine Rolle spielt. Durch solche Rollen im Lebensspiel werden gewisse Arten von Ähnlichkeit aus dem Bereich des Bedeutungslosen herausgehoben. Damit wird auch das Problem bezeichnet, dem wir nachgehen wollen:

Es gibt belanglose Ähnlichkeiten zwischen belebten und unbelebten Formen und es gibt andere, denen wir eine Funktion beimessen. Ein Insekt kann einem Rindenstück gleichen, eine brütende Fasanenhenne dem Licht-Schattenspiel der Brutstätte, die sie selber gewählt hat. Ein harmloser Falter, der über keine Waffen verfügt, kann die Tracht einer wehrhaften Wespe tragen. In allen diesen Fällen stellt das Tier etwas vor, was es nicht ist, und wir stehen unter dem Eindruck, daß diese Erscheinung ihm einen Schutz gewährt, seiner Erhaltung dient. Der Umstand, daß die moderne Kriegführung das Verbergen, die Tarnung der Kämpfer, auch der Geschütze, Schiffe und Gebäude in größtem Ausmaß gelernt hat, weist nachdrücklich genug auf den Erhaltungswert hin, der solchen Gestaltungen für ein Lebewesen zukommt. Nicht umsonst nehmen Beispiele von solchen Verstellungskünsten in allen Diskussionen um die Entstehung und Umwandlung der Organismen einen großen Raum ein. CHARLES

DARWIN selbst, der Begründer der modernen Abstammungslehre, hat den Tatsachen der Tarnung bereits großes Gewicht beigemessen, und seither gehören diese Beispiele zum festen Bestand aller biologischen Darstellungen.

Doch hat sich auch viel Widerspruch erhoben. Der Wert von Gestaltungen oder Verhaltensweisen, die von den einen als Tarnung beurteilt werden, ist von anderen Beobachtern bestritten worden. Vielerlei experimentelle Forschungen wurden eingesetzt, um den Wert dieser Faktoren im Ernst des Lebensspiels zu prüfen. Das Problem der Nachahmung wehrhafter Tiergestalten durch wehrlose, das als „Mimikry-Theorie" geradezu berühmt wurde, ist zu einer ganz besonders umstrittenen Kampffront der Lebensforschung geworden.

Diesen Fragen der Tarnung gilt unser kleines Buch. Wir wollen versuchen, den weiten Kreis der Erscheinungen zu überblicken und die Vielfalt zu erfassen, in der solche schützende Formgebung vorkommt.

I. Tarnung – eine optische Erscheinung

Die Überschrift dieses Abschnitts sagt etwas so Selbstverständliches aus, daß man fast zögert, es auszusprechen. Es ist aber ein Vorrecht und eine Aufgabe des wissenschaftlichen Verfahrens, das scheinbar Selbstverständliche in seiner Eigenart tiefer zu erfassen und damit gerade solche Dinge immer wieder im wahren Sinne dieses Wortes „fragwürdig" zu machen, nach denen kaum mehr gefragt wird, und die uns doch tief in das Geheimnis des Lebendigen führen.

Die Tarnung geschieht in einer Lebenssphäre, in der Augen nach Bildern suchen. Solches Verbergen gibt es auch in anderen Bereichen des Sinnenlebens: in der Welt des Hörens ist das Stillesein ein wirksamer Schutz vor Verfolgung; ebenso kann die Unterdrückung von Duftsendungen ein Lebewesen wirksam unspürbar machen. Daß wir von Tarnung immer nur im optischen Sinne sprechen, das ist im Grunde genommen die Anerkennung des Visuellen als eines Sinnesgebietes von ganz besonderer Bedeutung. Wir bestätigen durch diese einseitige Bezeichnung, daß uns die

Erscheinung von Pflanze und Tier in vieler Beziehung auf sehende Augen hin geformt vorkommt. Diese lebendigen Gestalten zeigen Eigenarten in Form und Farbe, die genau so auf ein sehendes Auge hin gebaut sind, wie etwa ein Verdauungsorgan für die Verarbeitung einer besonderen Nahrung eingerichtet erscheint. Diese Tatsache ist es ja gerade, welche das Studium der Tarnung zu einem großen Problem der Biologie macht.

In der Tat ist das Verbergen oder das schützende Nachahmen im Reich des Sehens von einer Eindrücklichkeit, mit der keine andere Sinnesfunktion sich messen kann. Schreiten wir also in einem ersten Rundgang diese Schutzmöglichkeiten ab, wobei wir für diese Übersicht im Bereich des heimischen Tierlebens bleiben, dessen Reichtum ja durch unsere Studie für uns alle noch etwas reicher und offenbarer werden soll.

Verbergen — das ist der Gegensatz zum Auffallen. Gegensätze,

Abb. 1. *Tagpfauenauge* (Vanessa jo) in auffälliger Stellung

das sind nicht Widersprüche, sondern Phänomene in einem gemeinsamen Felde. Dieses Feld ist in unserem Falle die Welt anschauender Augen überhaupt. Unser Blick folgt einem der vielen schönen Falter unserer Heimat, etwa einem Tagpfauenauge (Abb. 1), wie es sich im hellen Sonnenlicht auf einem besonnten Stein, einem Feldweg niedersetzt. Es wendet sich meist solange, bis sein Körper von der Sonne symmetrisch beschienen ist und breitet seine schönen Farbenmuster vor uns aus — keine Spur von Verbergen ist in diesem Benehmen. Aber ein andermal fliegt der gleiche Schmetterling eine Wand, einen Stamm oder einen Haufen zusammengewehter Blätter an, und diesmal faltet er seine Flügel

über dem Rücken zusammen zu einem schmalen senkrechten
Blatt — und mit einem Schlag entschwindet der eben noch so
Auffällige dem Blick, und es braucht einige Mühe, um den Ruhenden wieder zu erkennen (Abb. 2). Das ist also Auffallen und Verbergen an einem Wesen; in der ganzen Struktur der Erscheinung und im Benehmen ist ein System von zwei Möglichkeiten vorgeformt. Viele unserer Tagfalter sind nach diesem Doppelplan gebaut; ihre Oberseite ist völlig anders als die Unterseite — und der immer und immer wieder zitierte Blattschmetterling Kallima aus Indien und Ostasien ist bloß ein extremer Fall.

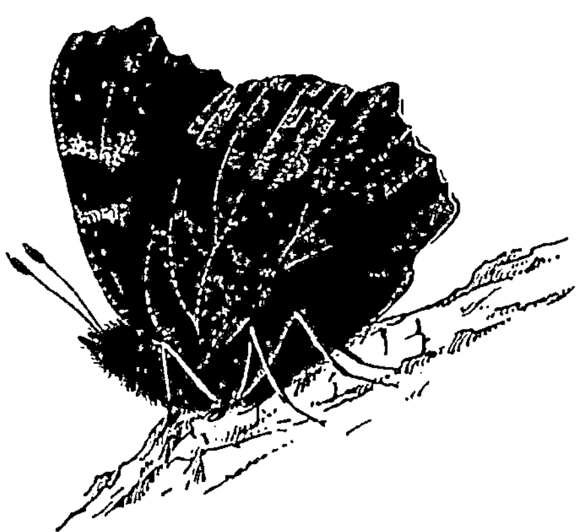

Abb. 2. *Tagpfauenauge* in verbergender
Ruhestellung

Abb. 3. *Feldheuschrecke* (Oedipoda germanica) in unauffälliger Ruhestellung. Die
dunklen Querbinden gehen über verschiedene Organe hinweg und helfen deren Form
auflösen

Am selben Feldweg treffen wir — besonders im Spätsommer und Frühherbst — graue oder gelbbraune Heuschrekken, die oft erstaunlich geborgen sind durch ihr dem Boden und den Steinen angeglichenes Muster (Abb. 3). Wenn aber ein solcher Heuschreck plötzlich auffliegt, so entfaltet

er ein Paar strahlend blauer oder roter Hinterflügel, jetzt bekennt
er plötzlich Farbe, wie ein Schiff, das seine Flagge hißt (Abb. 4).
Ein paar Meter Flug höchstens — die Fahne wird eingezogen
und das regungslose Tier ist wieder unsichtbar. Auch diesmal ist
Unscheinbares und Auffälliges an einem Tier vereint — doch in

anderer Anordnung als beim Tagfalter; und wieder ist das Gebaren entscheidend dafür, welche der optischen Möglichkeiten momentan verwirklicht wird (Abb. 5.)

Ein anderer Fall stellt denselben Kontrast vor Augen: viele Vögel verteilen das Augenfällige und das Verbergende auf die beiden Geschlechter: bei vielen Fasanen z. B. strahlt der Hahn in herrlichen Farben und Kontrasten; ihren Hennen aber ist ein Tarnkleid zugewiesen, in dem Erdfarben vorwiegen und das der Brutarbeit entspricht, die dem Weibchen allein auferlegt ist. Wir wollen uns aber auch daran erinnern, daß zuweilen das Umgekehrte vorkommt — so bei einzelnen Regenpfeifern — und daß dann auch die Arbeitsteilung vertauscht ist: die Henne legt zwar die Eier, aber der unscheinbar gefärbte Hahn brütet und zieht die Jungen auf, während das auffälligere Weibchen sich um diese Geschäfte nicht mehr kümmert. Es ist für das Studium unseres Tarnungsproblems wichtig, zu erkennen, in welch verschiedenen Gruppierungen Auffallen oder Verbergen vorkommen können. So gibt es unter den

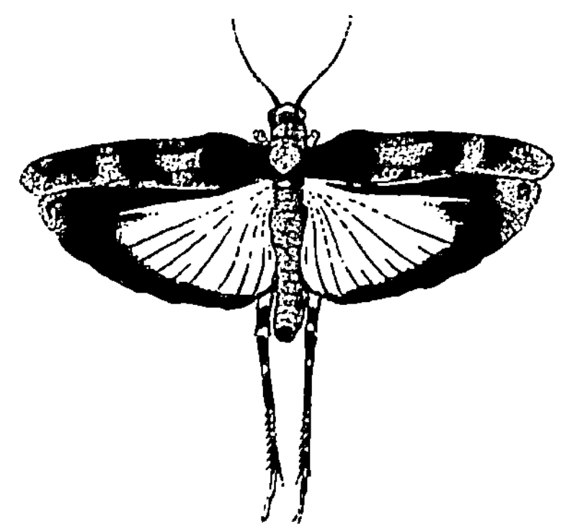

Abb. 4. Die *Feldheuschrecke* entfaltet beim Auffliegen ihre auffälligen roten Hinterflügel

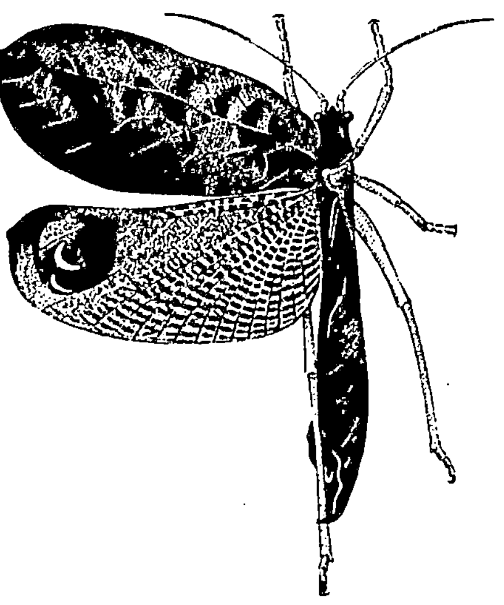

Abb. 5. Die südamerikanischen Blattheuschrecken (Pseudophyllidae) zeigen oft die Kombination von cryptischer und semantischer Struktur, so diese Tanusiaart mit einem besonders auffälligen Augenfleck, der erst im Flug erscheint

Fasanen Arten, bei denen beiden Geschlechtern die schützende
Weibchentracht zukommt, neben den vielen anderen, die das gewohnte Bild der prächtigen männlichen und der bergenden weiblichen Tracht bieten. Aber es existiert auch eine dritte Möglichkeit, so bei den asiatischen Ohrfasanen, wo beide Geschlechter
ein ausgesprochenes Prachtkleid anlegen. Solche Beispiele müssen
uns vor Augen stehen, damit wir in der Beurteilung der Lebenserscheinungen nicht einem schematischen Denken verfallen.

Noch eine andere Variante wollen wir beachten: bei Enten ist
in einem Stil, den man fast klassisch nennen möchte, die Verteilung der beiden optischen Möglichkeiten auf beide Geschlechter
durchgeführt; doch wird darüber hinaus noch etwas Neues erreicht: nach der Brutzeit, im Sommer, legen die Erpel ein unscheinbares Zwischenkleid an, das der weiblichen schutzfarbenen
Tracht ähnlich sieht. Die Enten zeigen uns aber noch eine weitere
Variante in der Verteilung von auffällig und unauffällig: der Flügel
trägt einen sog. „Spiegel", eine oft glänzend schillernde Gruppe
von Armschwingen und Deckfedern, welche durch auffällige,
schwarze und weiße Säume zu höchster Wirkung gebracht wird.
Diese Flagge, die als Signal beim Auffliegen wirksam ist, findet
sich eingebettet in zurückhaltend gefärbte Schwungfedern; sie
tritt in beiden Geschlechtern auf und wird beim Erpel im Zwischenkleid gar nicht etwa umgefärbt. In der gefalteten Ruhestellung des Flügels ist der Spiegel nicht sehr auffällig. Dieses eigenartige Signalorgan mahnt uns daran, wie eng auffällige Färbung
und Tarnung kombiniert sein können.

Der erste Umgang im Tierleben der Heimat bringt ein paar vorläufige Klärungen. „Tarnen" oder „Auffallen", das ist stets das
Ergebnis von Gestalt und Handlungsweisen des ganzen Wesens,
es sind Geschehnisse, nicht bloß ruhende Eigenschaften eines
Organismus. Beides sind Verhaltensweisen im Hinblick auf anschauende Lebewesen, die der Bildwahrnehmung fähig sind; mag
die Tarnung oder das Sichzeigen bewußt oder unbewußt geschehen — meist wohl unbewußt — es ist immer auf den Akt des
Sehens bezogen.

Und da ein Tier je nach Umgebung sich ebenso verbergen
kann durch unauffällige Färbung wie durch eine bunte Tracht,
so umfaßt die Bezeichnung „visuelle Schutzanpassungen" nicht

nur dumpfe, erdfarbene Muster, sondern auch solche in lebhafteren Spektralfarben. Wir nennen jede bergende Wirkweise *cryptisch*, jede dem Zeigen dienende *semantisch*. Im Wort „Crypta", welches den verborgensten Ort des Gotteshauses bezeichnet, im Wort „Semaphor", mit dem wir einen Zeichen tragenden Mast benennen, begegnen uns die griechischen Begriffe, die wir auch hier verwenden.

II. Gestaltliche Mittel der Tarnung
1. Gestaltauflösung durch die Zeichnung des Körpers
a) Gesetze des Sehens

Früher hat man gerne besondere Figuren als „optische Täuschungen" bezeichnet. Man beobachtete in erster Linie die Tatsache, daß hier unser Verstand irregeführt wird und sah in diesen Erscheinungen vor allem ein Versagen unseres Orientierungsvermögens, des Erkennens der Wirklichkeit. Die neuere psychologische Prüfung des menschlichen Sehens brachte eine andere Wertung, welche die ganze Erscheinung zunächst einmal von einer positiven Seite nimmt. Sie weist nach, daß jede dieser Täuschungen das Werk besonderer Arbeitsweisen unserer Sehorgane (und auch des Sehens der höheren Tiere) ist, von Regeln der optischen Leistungen, die man heute sehr oft als „Gestaltgesetze" zusammenfaßt. Das Auge aller höher organisierten Wesen arbeitet unter der Führung des zentralen Nervensystems; es ist nicht eine passive Empfangsstelle von Eindrücken, sondern es formt die eintreffenden Reizgruppen nach uns innewohnenden Gesetzen des Erlebens. Wer ein wenig abwesend auf eine Buchseite starrt, der erfährt, wie etwas in ihm dieses Feld von schwarzen Zeichen zu wechselnden Figuren formt, die aus dem Rohmaterial der Buchstabengruppen zusammengefügt werden. Daher ist die Benennung „optische Täuschung" in den Hintergrund getreten und hat einer positiven Bewertung Platz gemacht, die von „Gesetzen des Sehens" spricht. So beachtet unser Auge in der Abb. 6 in erster Linie die Symmetrie der ganzen Figur. Es fällt dem Auge viel schwerer, die in der unteren Reihe isolierten Liniensysteme aus dem Ganzen herauszulösen. Es ist eben gewissen Figuren eine

besondere Macht auf unser Auge eigen, die von der Arbeitsweise
des optischen Sinns zeugt.

Unter den Gesetzen dieses unbewußten Sehens ist eines für
unser Problem besonders wichtig: es heißt zuweilen das „Gesetz
der kurvengerechten Fortsetzung".

In der Abb. 7 (links) folgt unser Blick unweigerlich der Ge-
raden und der Kurve, die in geschwungener Linie darunter hin-
zieht; wir hätten größte Mühe, uns überreden zu lassen, das Bild
enthalte die auf der rechten Seite auseinander-
gelegten Figuren.

Dieses Sehgesetz ist für die Tarnung von zentraler Bedeutung. Verfügt ein Tierkörper über
lineare oder flächenhafte Muster, deren Elemente

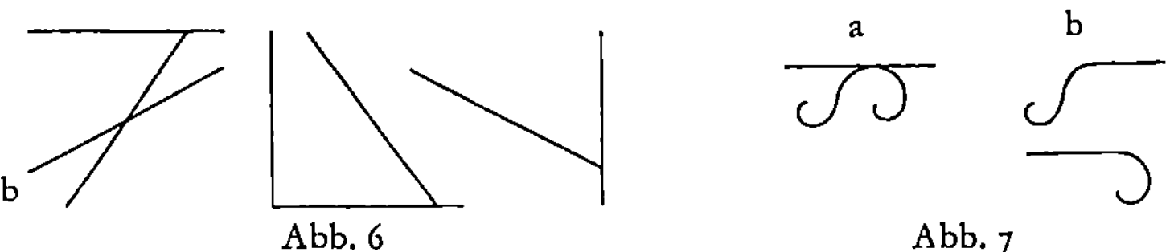

Abb. 6
Abb. 7

Abb. 6. Das Regelmäßige setzt sich beim Sehen leichter durch: wir sehen die
in b isolierten Liniensysteme nur mit Mühe, obschon sie in der Totalfigur a
enthalten sind (nach METZGER)

Abb. 7. Das Sehgesetz der kurvengerechten Fortsetzung: wir sehen die Gerade
und die Kurve als „Elemente" der Figur a, nicht die ebenfalls in ihr enthaltenen
Teile, die in b isoliert sind (nach METZGER)

über seinen Umriß hinaus in der Umgebung eine Fortsetzung
finden, so wird jedes der Bildwahrnehmung fähige Auge solche
Fortsetzungen „aufgreifen" und den Organismus mit seiner
Umgebung so zu einer neuen Einheit formen. Je größer die
Zahl solcher Linien, Streifen oder Flecken ist, desto kräftiger
wirkt unser Sehen im Sinne der Auflösung der Grenzen des Tierleibs. Die Zeichnung einer Gabun-Viper oder ihrer Verwandten
kann auf monotonem Grunde und wenn das Tier sich regt, von
großer Auffälligkeit sein, sie kann bei Ruhe auf farbig gegliedertem Grund ein ganz ausgezeichnetes Werkzeug der Tarnung bedeuten (Abb. 8).

Der Ziegenmelker, die Nachtschwalbe unserer Heimat, ist ein
lebhaft gemusterter Vogel, dessen Zeichnung so viele prächtige
Einzelheiten in der Einzelfeder aufweist, daß diese eine wahre

Augenweide für einen künstlerisch empfänglichen Blick sein kann.
So ist denn dieser Vogel ein recht auffälliges Wesen, wenn wir ihn
durch weißen Untergrund isolieren (Abb. 9). In seiner Umgebung

Abb. 8. *Gabunviper (Bitis gabonica)*, deren kompliziertes Muster je nach dem
Untergrund und dem Verhalten des Tieres auffallend oder verbergend wirken
kann (Bild aus dem Zoologischen Garten Zürich, Phot. BERINGER und
PAMPALUCCHI)

Abb. 9. Die *Nachtschwalbe* (Caprimulgus europaeus), einer unserer best-
getarnten Vögel, ist hier auf hellem Grund isoliert worden, um das lebhafte
Muster zu zeigen (Phot. H. R. HAEFELFINGER)

aber, wo er am Boden im Gebüsch brütet, verschwindet er in erstaunlichem Maße, da die Skala seiner feinen braunen, gelblichen, weißen und schwärzlichen Farben mit der seiner Umgebung zusammenfällt, und die Anordnung der vielen Striche und Flecken unser Auge stetsfort zur Übereinstimmung mit Zweigen,

Abb. 10. Die *Nachtschwalbe* in ihrer natürlichen Umgebung, gähnend, völlig getarnt. Sie brütet in dieser Stellung, ohne ein Nest zu bauen (Phot E. Hosking)

Blättern, Kieseln, mit Flecken und Linien der Umgebung führt (Abb. 10). Die ruhige Haltung ist eine wichtige Voraussetzung für die Tarnwirkung. Solches Verhalten versteht sich aber nie von selbst. Es genügt, an die gewöhnliche rastlose Aktivität der Vögel zu denken, um einzusehen, wie besonders und sinnvoll das Erstarren in der Ruhelage cryptisch gefärbter Vögel ist. Bei Jungvögeln ist dieses Sichdrücken und Stillbleiben bei Bedrohung ein wesentlicher Erhaltungsfaktor. Solche Verhaltensarten sind durch ererbte Strukturen des zentralen Nervensystems gesichert und müssen nicht erlernt werden.

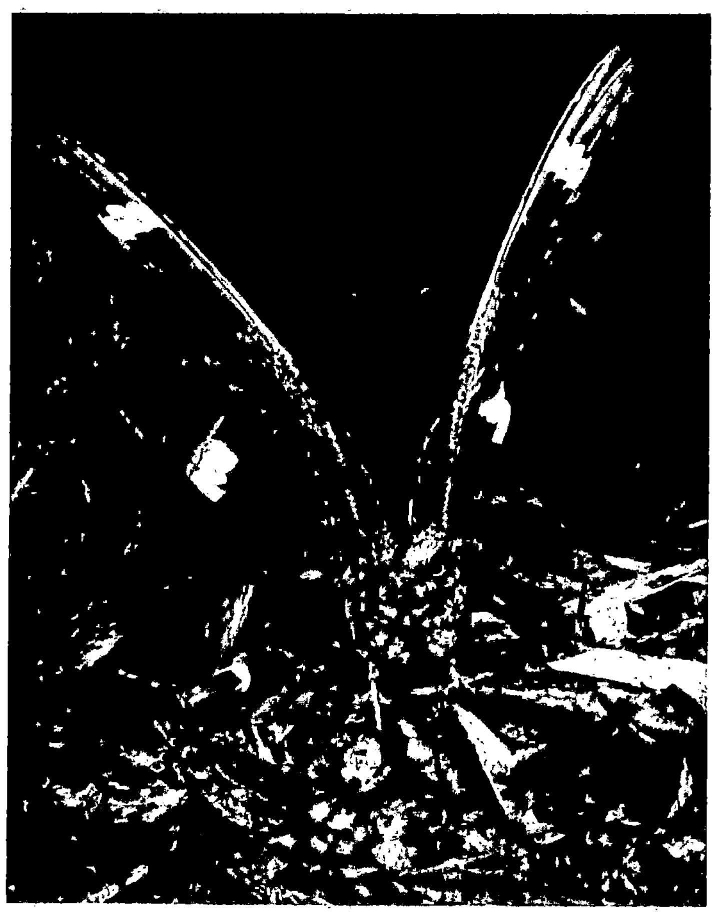

Abb. 11. Die so extrem getarnte *Nachtschwalbe* zeigt im Flug sehr auffällige weiße Kennzeichen, die wie die Signallichter eines Flugzeugs wirken. (Phot. E. HOSKING)

Wie mit der verbergenden Tracht auch auffällige Merkmale verbunden sein können, die im rechten Moment sehr wirkungsvoll gezeigt werden können, das zeigt unser Bild von der auffliegenden Nachtschwalbe (Abb. 11).

Es gibt im Vogelleben Perioden, in denen völlige Ruhe gefordert ist, so die Zeit des Brütens oder die Nestzeit der Jungen. Solchen Leistungen und Zeiten erscheinen denn auch die Tarntrachten besonders zugeordnet (Abb. 12). Es ist also ebensosehr Stillesein für eine wirksame Tarnung gefordert, wie die Tarnung für notwendiges Stillesitzen benötigt wird! Wie dieser Zusammenhang im Laufe des Werdens einer Tierart sich herausbildet, das

Abb. 12. Zwei Junge des *Triels* (Burhinus oedicnemus) in sandfarbener Tarntracht. Sie „drücken" sich, wobei sie sich abflachen und so die Schattenwirkungen verringern (Phot. H. TRABER)

ist wieder eine andere Frage, welche die Theoretiker der Abstammungslehre intensiv beschäftigt.

Doch die Sehgesetze sind neutrale Spielregeln alles Anschauens und das gleiche Prinzip der kurvengerechten Fortsetzung kann ebenso zur Tarnung wie zur Auszeichnung von Tierformen wirksam sein. Bei manchen Faltern entstehen unabhängig voneinander im Vorder- und im Hinterflügel dunkle oder helle Muster. Sie bilden denn auch beim aufgespannten Tier in unseren Sammlungen ein recht unruhiges System von Linien. In der lebendigen Haltung aber werden die Flügel so getragen, daß die Muster aller vier Flügel eine großzügige Einheit von ruhiger Gesamtwirkung bilden (Abb. 13). Diese Einheitswirkung stellt den Biologen wichtige entwicklungsgeschichtliche Probleme, auf die wir noch einen Blick werfen müssen.

b) Zusammenstimmen von Teilen

In der embryonalen Entwicklung kommt es sehr oft vor, daß
ein Organ, das im reifen Organismus eine Einheit bildet, aus
Anlagen an verschiedenen, oft recht entlegenen Körperstellen
entsteht und daß die
Glieder erst allmählich
zur späteren Einheit
sich zusammenordnen.
So entsteht die allererste
Anlage der Augenlinse
in einiger Distanz von
der Stelle im frühen
Keim, welche die Seh-
schicht und die Iris des
Auges bildet. Die Tat-
sache, daß aus getrenn-
ten Anlagen funktio-
nelle Einheiten des Tier-
körpers sich bilden,
nennt der Biologe „Co-
aptation", das „Aufein-
anderpassen gesondert
entstehender Teile".
Das Wort ist in An-
lehnung an den viel be-
kannteren Begriff der
„Adaptation", d. h. der
Anpassung an Um-
stände der Umgebung
von L. Cuénot einge-
führt worden.

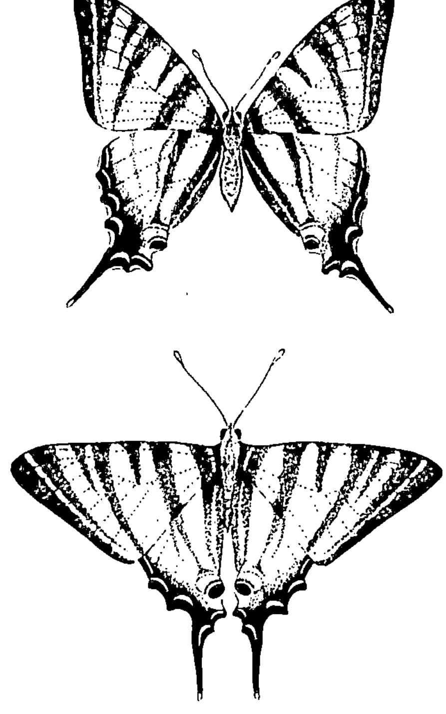

Abb. 13. *Segelfalter* (Papilio podalirius), oben
in der für Sammlungen üblichen Stellung,
unten in der natürlichen Flügelhaltung, welche
das Muster von Vorder- und Hinterflügel als
Einheit erscheinen läßt

Coaptation findet sich
in erstaunlicher Fülle im Reich der visuellen Strukturen, ja sie
sind geradezu Erfordernis für Verbergen und Auffallen.

Die Baumfrösche im tropischen Regenwald mögen ein erstes
Beispiel der Coaptation des Musters bieten. Ostafrikanische Formen wie Megalixalus fornasinii, südamerikanische wie Hyla

leucophyllata zeigen ganz ähnliche Erscheinungen. Die kleinen, auffällig gefärbten und gemusterten Frösche zeigen im Springen oder Kriechen nichts als ein lebhaftes, auffälliges Muster (Abb. 14). Sobald sie aber mit eng angeschlossenen Gliedmaßen auf Blättern sitzen, formen die isolierten dunklen und hellen Musterteile eine Gesamtfigur, die dem Auge ein einfaches, geschlossenes Farbbild darbietet, ein Bild, das nicht nur das lebhafte Fleckenmuster verschwinden läßt, sondern auch eine Form erzeugt, welche die Froschgestalt für das Auge völlig auslöscht. Bei Megalixalus entsteht ein Muster aus Braun und strahlendem Silberweiß. Das neue Bild, gerade weil es auffällige Musterteile aufweist, ist

Abb. 14   Abb. 15

Abb. 14. Der südamerikanische *Laubfrosch* Hyla leucophyllata zeigt in Ruhestellung ein geschlossenes Muster, das somatolytisch wirkt und dessen Teile sich über mehrere Glieder des Körpers erstrecken (nach Cott)

Abb. 15. Das Zeichnungsmuster vieler Frösche weist Elemente auf, die in Ruhestellung als geschlossene Bänder über Ober-, Unterschenkel und Fuß hinweggehen. Die Wirkung ist somatolytisch

restlos täuschend, wie uns H. B. Cott aus eigener Anschauung im Wald am unteren Zambesi berichtet. „Koinzidierende, auflösende Färbung" hat Cott das Phänomen genannt; ich möchte es in das weit umfassendere der Coaptation von Teilen verschiedenen Ursprungsortes zu einheitlicher (hier visueller) Funktion eingliedern.

Dieselbe Erscheinung ist bei unseren einheimischen Fröschen, wenn auch auf die Hinterbeine beschränkt, zu beobachten (Abb. 15). Hier laufen die dunklen Bänder in erstaunlicher Zusammenordnung über Ober- und Unterschenkel sowie die stark verlängerte Fußwurzel, die alle drei im Ruhezustand als Sprungapparat zusammengelegt sind. Wieder ist die Formbildung dieser

Hinterextremität so, daß die Färbungsanteile auf jedem Beinglied
weit voneinander gesondert in der Entwicklungsperiode angelegt werden. Die Zusammenstimmung kann erst am fertigen
Sprungapparat „klappen". Wir beobachten, daß das Muster genau
so konsequent auf Einheit des Erscheinens angelegt ist wie die
innere Struktur des Beins auf Springen. Nur darum geht es uns
jetzt. Die besondere Coaptation der Farbmarken der einzelnen
Beinglieder liefert im Zusammenspiel eine neue Figur, welche
optisch stärker ist als die Gestalt der
Gliedmaße selber.

Doch wollen wir diese Coaptation
am Beispiel der Falterflügel noch
etwas weiter ins Einzelne verfolgen.
Im zweiten und dritten Rumpfab-
schnitt der Raupe liegt als winzige
Zellmasse die Anlage je eines Flügelpaares (Abb. 16). Da diese Zellen erst
in der reifen Form, die man Imago
nennt, zu Flügeln auswachsen, so
spricht man von Imaginalscheiben.
Vier solcher bilden also die Anlagen
der Flugflächen und ihrer wunder-

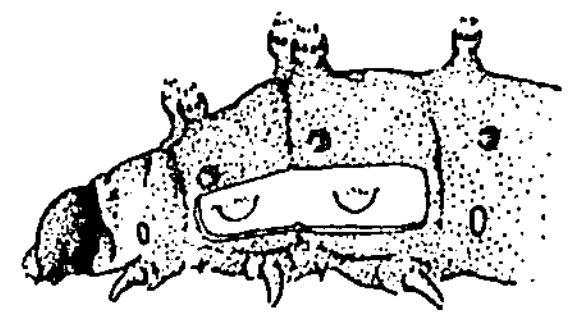

Abb. 16. Die *Flügelanlagen* ent-
stehen in den Raupen der
Schmetterlinge als getrennte
Falten im Innern der Brust.
Sie sind bei dieser Cecropia-
Raupe durch ein Hautfenster
sichtbar gemacht worden.
Musterteile, die beim fertigen
Falter eine Einheit bilden,
entstehen also völlig getrennt

baren Muster. Sie verharren als embryonale Zellgruppen bis zum
letzten Raupenstadium, wo sie anfangen, voneinander gesondert
die ersten kleinen Flügelanlagen auszubilden. Unmittelbar vor
der eigentlichen Puppenzeit wächst jede Anlage intensiver heran.
Während der „Puppenruhe" — welch eine tätige Ruhezeit ist
das! — wird das Zellenmuster der Flügelschuppen gebildet, auf
deren Färbung die spätere Flügelzeichnung beruht. Aber lange
vor dieser Schuppenausformung bereits wird das Muster in der
Raupe und Frühpuppe festgelegt, „determiniert", wie die Ent-
wicklungsforscher sagen. So ist, noch bevor die Schuppen sich
formen, für jeden Flügelteil sein späteres Muster festgesetzt.

Wir erinnern uns nochmals daran, daß die Flügelanlagen voneinander getrennt entstehen und auch im Zeitpunkt der „Deter-
mination" des Musters räumlich recht weit gesondert sind.
Die zwei Flügel jeder Seite liegen als Anlagen nicht etwa so
zueinander wie später. Stellen wir also im fertigen Zustand bei

artgemäßer Ruhehaltung ein Muster fest, das über beide Flügel hinweg ein Ganzes, eine geschlossene Figur formt, so muß diese Einheitsbildung in zwei gesonderten Gliedern in Teilstücken vorbereitet worden sein: Vorder- und Hinterflügel stehen in Coaptation; sie arbeiten an einer einheitlichen visuellen Struktur zusammen. Die Coaptation der Vorder- und Hinterflügel erscheint besonders klar, wenn wir die Ruhestellung der Tiere im Leben eingehend studieren. Die für Sammlungen übliche Präparation, die durch Ausspannen der Flügel die vier Flächen möglichst voll sichtbar machen will, hebt die Wirkung der Coaptation auf. Diese künstliche Art der Darbietung hat viel dazu beigetragen, daß diese auf Zusammenwirken von Vorder- und Hinterflügel, ja zuweilen aller vier Flügel beruhenden Muster so lange verkannt worden sind.

In der Ruhestellung, die für einzelne Gruppen kennzeichnend ist, ist sehr oft ein kleiner Teil des einen Flügels unverdeckt, während der Rest verborgen ist (Abb. 17): bei Tagfaltern, welche die Flügel nach oben falten, ein Teil der Unterseite des Vorderflügels — bei Spinnern, welche die Flügel dachartig legen, entweder ein Saum des Vorderrandes oder eine Kante des analen Randes der hinteren Flügel. In anderen Fällen ist sowohl der vordere wie der hintere Rand des Unterflügels in der Ruhestellung frei sichtbar (bei Schwärmern z. B.). Sehen wir uns den Pappel-Zahnspinner (Pheosia tremula) genau an (Abb. 18). Wie seine Verwandten sitzt er, trefflich getarnt, mit gefalteten Flügeln. Der Umriß der Seitenansicht zeigt eine scharfe Zacke am oberen

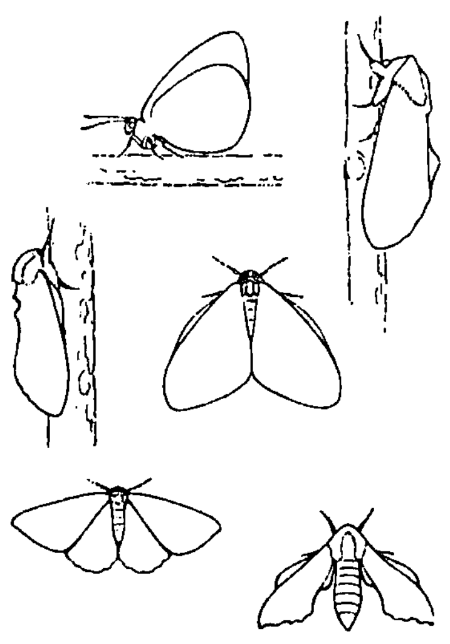

Abb. 17. In der *Ruhestellung der Schmetterlinge* sind die beiden Flügelpaare in verschiedenem Ausmaß sichtbar. Die Färbung ist in diesen sichtbaren Teilen auf die Tönung des anderen Flügelpaares abgestimmt. Oben: Tagfalter und Nachtfalter. Mitte: Nachtfalter und Spanner. Unten: Spanner und Schwärmer (nach OUDEMANS)

Flügelrand; wie ein Fortsatz des Oberflügels sieht sie aus. Breiten wir aber den Flügel aus, so gibt sich die Zacke als der anale Winkel des Unterflügels zu erkennen und sticht in ihrer Färbung sehr auffällig von der sonstigen Tönung des hinteren Flügelpaares

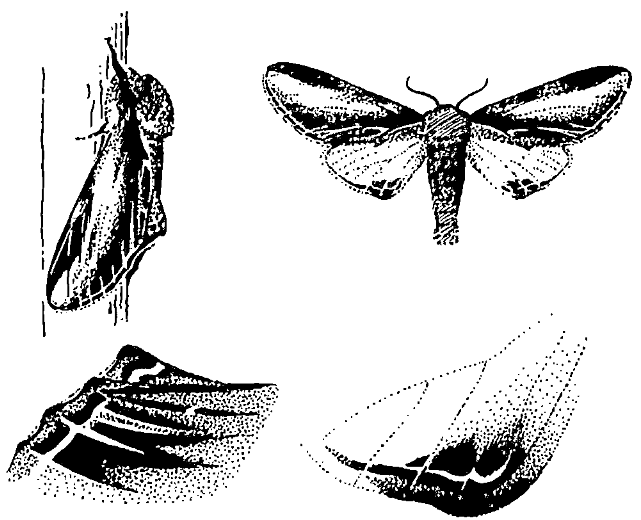

Abb. 18. Zusammenstimmen der Muster zweier Flügel beim *Pappel-Zahn-spinner (Pheosia tremula)*. Am ausgebreiteten Falter fällt das besonders gemusterte Feld der Hinterflügel auf (unten rechts vergrößert), das genau zum Randmuster des Vorderflügels paßt (unten links) (nach OUDEMANS)

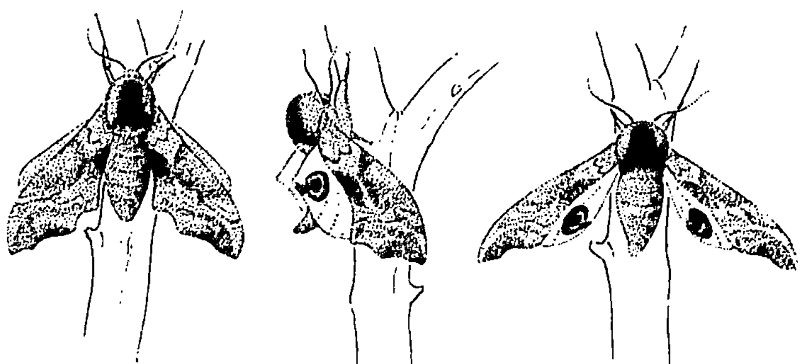

Abb. 19. *Abendpfauenauge (Smerinthus ocellatus)* zeigt bei Bedrohung plötzlich die in der Ruhestellung verborgenen Augenflecke der lebhaft gefärbten Unterflügel. Diese Unterflügel (Bild links) sind übrigens auf den Teilen, die in Ruhestellung sichtbar sind, cryptisch gefärbt (nach JAPHA)

ab. Die mikroskopische Prüfung zeigt, daß diese Eckzone in scharfer Begrenzung als ein Glied des Oberflügelmusters ausgeführt ist, genau so weit, wie es die Ansicht in der Ruhestellung erfordert. Dort, wo der Flügel beim Rasten gefaltet wird, ist die innere Fläche wieder unscheinbar.

Das Abendpfauenauge zeigt in der Ruhestellung ebenfalls das Zusammenstimmen der Teile: die Unterflügel tragen auffällige Augenflecke, die plötzlich gezeigt werden können und so Feinde zu verblüffen vermögen. Aber der Vorderrand dieser Unterflügel ist rindenfarbig. Er ist in der Ruhestellung sichtbar! (Abb. 19).

c) Grenzflächenkontraste

Die auflösende Wirkung von Musterteilen kann beträchtlich erhöht werden durch die sogenannten *Grenzflächenkontraste*. Wo Zonen von heller und dunkler Färbung aufeinanderstoßen, kann sich der dunkle Ton gegen die Grenze hin zu Schwarz vertiefen,

Abb. 20. Der *Eichenspinner* (Lasiocampa quercus) zeigt einen Grenzflächenkontrast, der je nach der Umgebung oft sehr stark körperauflösend wirkt
(Phot. D. WIDMER)

eine graue oder cremefarbene Helligkeit oft zu Weiß steigern (Abb. 20). Dadurch werden stärkste Farbkontraste gesetzt, die das Auge fesseln und deren Lagerung den Blick von anderen

Einzelheiten des Tierkörpers, vor allem vom Umriß ablenkt. Der Grenzflächenkontrast wirkt in diesem Fall besonders stark gestaltauflösend. Doch müssen wir sogleich bedenken, daß derselbe Kontrast genau so gut zum Hervorheben tierischer Gliederung verwendet werden kann. Auch er ist eine neutrale Gestaltungsweise — erst die besonderen Umstände seiner Verwendung machen ihn zum Element des Auffallens oder des Verbergens (Abb. 21).

Noch ein anderes Sehgesetz wirkt in der Erscheinung aller tierischen Gestalten mit, soweit sie auf das Anschauen hin geformt sind: wir wollen es mit den Psychologen das „Gesetz des gleichartigen Verhaltens" nennen.

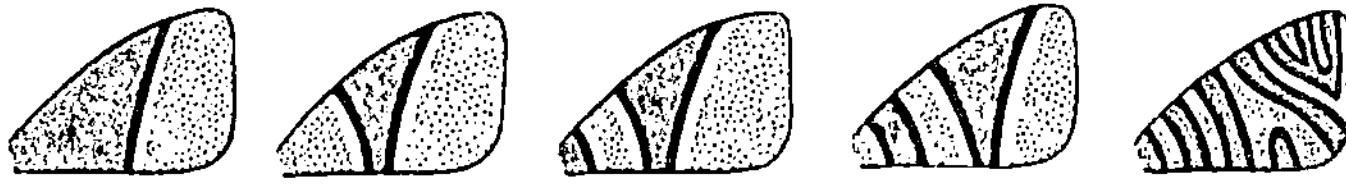

Abb. 21. Verschiedene Muster von Schmetterlingsflügeln mit Grenzflächenkontrasten

Wenn am Waldsaum der Wind die Blätter einer Espe bewegt, so tritt aus der grünen Wand die Einheit dieses Baumes ganz auffällig hervor. Falls sich ähnlich gefärbte Teile von ganz verschiedenen Objekten gleichartig bewegen, so verschwindet die Ungleichheit der Objekte und die gemeinsame Bewegung schafft eine neue optische Einheit.

Das Gesetz des gleichartigen Verhaltens wird von vielen cryptisch gefärbten Tieren befolgt. Zwergreiher und Rohrdommeln erstarren, wenn eine Gefahr droht, zu der sogenannten „Pfahlstellung", in der sie fremden Augen ihren schmalsten Anblick bieten, den Hals hoch aufgereckt und den Schnabel senkrecht nach oben. Wo Streifung auftritt, fällt sie völlig zusammen mit der Richtung der Schilfhalme und deren Schattenspiel. Der Vogel dreht sich dem Beschauer zu, diesen ständig fixierend, auch wenn er um das Tier herumgeht.

Die äußerste Vollkommenheit erreicht diese Pfahlstellung bei den Rohrdommeln: wenn ein Windstoß die Halme leicht bewegt, die den Vogel bergen, so beginnt er im Rhythmus dieser leisen Bewegung zu schwanken, aktiv mitgehend, sofort wieder anhaltend, sobald Ruhe eingetreten ist — gleich wieder einsetzend, wenn der Wind wieder durchs Ried geht.

Ähnliches Mitgehen beobachten wir bei manchen Meerfischen, die den schlanken Blättern des Seegrases gleichen und dort leben;

auch findet es sich bei seitlich abgeflachten Fischen von Blattgestalt, die sich bewegen wie totes Laub in einer leichten Wasserströmung. Auch bei Gespenstheuschrecken, deren Hinterleib einem Blatte gleicht, werden besondere Bewegungen dieses Körperteils beobachtet, welche die Ähnlichkeit mit dem Laub der Umgebung vollkommener machen.

Abb. 22. *Gazellen* zeigen Grenzflächenkontraste in verschiedener Anwendung

Die Freude über die Entdeckung der Gestaltauflösung hat zuweilen vergessen lassen, daß es gar viele Gesetze der tierischen Musterung gibt. Kaum hatte man begonnen, die Körperauflösung durch optische Mittel etwas näher zu prüfen, so setzte auch schon die Mißdeutung von Mustern ein. Überall fanden sich verbergende Zeichnungen; auch das Auffälligste wurde as „cryptisch" erklärt (Abb. 22).

Abb. 23. Die lebhaft gemusterten *Clownfische* (Amphiprion percula) der warmen Meere leben eng vergesellschaftet mit großen Seeanemonen. Der Schutz, den der Wald der Tentakel bietet, macht verbergende Färbung überflüssig

So wird noch heute die Zebrafärbung zuweilen als somatolytisch beurteilt, obschon dieser Auffassung die Erfahrung der Jäger gegenübersteht.

Auch grelle farbige Streifung mancher Korallenfische ist als Aufhebung der Gestalt gedeutet worden, da der Körper in der Tat durch solche Streifen in sehr scharf geschiedene Felder geteilt ist. Aber diese Felderung bewegt sich beim Schwimmen als Ganzes, dem Gesetz des gleichartigen Schicksals entsprechend wirkt sie als Flagge, als weithin sichtbares Feldzeichen. Nicht zufällig suchen die auffälligen „Clown-Fische" der Gattungen Amphiprion und Percula im Tentakelwald großer Seeanemonen Schutz, wo sie — trotz auffälliger Färbung — vor Feinden geschützt sind (Abb. 23). Nur die Berücksichtigung der gesamten Lebensweise kann jeweils feststellen, ob ein Muster verbergend oder auffällig ist.

2. Gestaltauflösung
durch Aufhebung der plastischen Wirkung

a) Der Kampf mit dem Schatten

Sitzt ein Schneehase im weißen Winterkleid bei strahlender Höhensonne auf einem Schneefeld, so schützt ihn seine weiße Tracht nur ungenügend, da der Schlagschatten, vom wundervollem Widerschein des Himmels blau gefärbt, das Tier auf weite Sicht auffällig macht. Die Tarnmuster versagen bereits, wenn durch die Belichtung die Körperlichkeit eines Tierleibs betont wird (Abb. 24, 25).

Diesem Nachteil arbeitet ein besonderes Mittel der Gestaltaufhebung entgegen: zur Erinnerung an den Mann ohne Schatten, den uns ADALBERT VON CHAMISSO geschildert hat, könnten wir es das „Peter Schlemihl-Prinzip" nennen, da es die Möglichkeit eines schattenlosen Körpers ausnützt. Jede Abflachung, die den Schlagschatten auf die Körperunterseite reduziert und ihn beim Liegen auf dem Untergrunde verschwinden läßt wirkt in dieser Weise. Seitliche Fortsätze können die Körperrundung aufheben und durch scharfe Kanten den Schlagschatten praktisch für die Wirkung auf ein Auge ausschalten (Abb. 26). So wirkt sich die Körpergestalt eines gewöhnlichen Tintenfisches auf dem

Sandboden der besonnten Flachsee aus; so auch die Abplattung mancher Reptilien. Die Drückstellung vieler Nestflüchterjungen unter den Vögeln, die des jungen Triels z. B., bringt eine ähnliche Abflachung zuwege. In allen diesen Fällen wird der Schlagschatten auf ein Minimum reduziert. Viele Insekten zeigen dieses Gestaltungsprinzip in einer erstaunlichen Vollendung. Seitliche Verbreiterung durch flache Fortsätze der Körpersegmente oder durch solche der Deckflügel dienen diesem Zweck (Abb. 27); das dichte Anpressen der Flügel an die Unterlage hebt den Schatten bei den vielen cryptischen Schmetterlingen der Spannergruppe (Geometriden) besonders radikal auf.

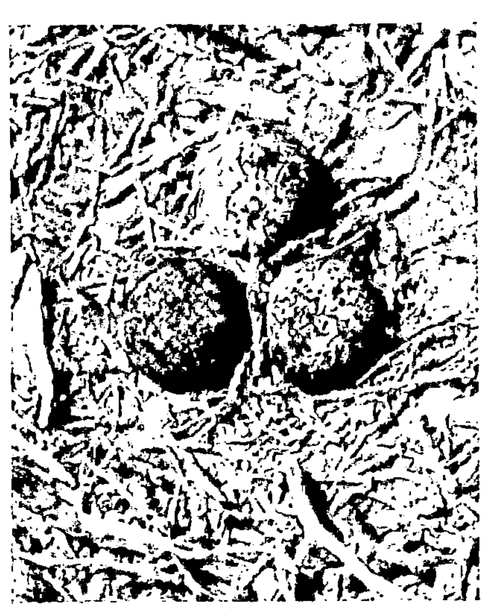

Abb. 24. Das Gelege des *Seeregenpfeifers* (Charadrius alexandrinus) ist durch seine Fleckung ausgezeichnet getarnt. Trotzdem kann es durch starke Schlagschatten bei niedrigem Sonnenstand deutlich hervorgehoben werden (Phot. H. Traber)

Die schattenaufhebende Verbreiterung kommt bei Insekten auch vor, ohne daß sie unmittelbar dieser schützenden Aufgabe dienen müßte. So ist bei Laufkäfern etwa die indomalaiische Gruppe der Gespenstlaufkäfer durch weite seitliche Ausdehnung der harten Flügeldecken ausgezeichnet (Abb. 28). Diese Mormolyce-Arten leben meist verborgen — ihre Gestaltung aber kann in bestimmten Lagen oder bei veränderter Lebensweise ohne weiteres die cryptische Rolle der Aufhebung des Schattens übernehmen.

Seitliche kleinere Anhänge längs schattenbildender Kanten zerlegen die auffällige Schattenlinie und schaffen so einen cryptisch wirkenden Übergang vom Tier zur Unterlage, der vor allem bei den vielen Rindenbewohnern sehr verbreitet ist. Die Geckoarten haben diese Tarnungshilfe zu besonderer Vollendung

Abb. 25. Auch die gute Tarnung eines *Lindenschwärmers* (Dilina tiliae) wird durch den starken Schlagschatten beeinträchtigt. (Phot. D. WIDMER)

entwickelt; aber auch die Spannerraupen zeigen dasselbe Prinzip (Abb. 29).

Auf eine ganz andere Art verwirklichen manche Krabben die Peter Schlemihl-Situation. Viele von ihnen sind mit so trefflichen Schutzfarben ausgestattet, daß sie auf dem Sandstrand unsichtbar wären, verriete nicht der kräftige, klare Schlagschatten die herumrennenden Tiere. Nicht umsonst nennt sie die englische Sprache Geisterkrabben — huscht doch in der Tat der materielose Schatten beinahe als einziger Zeuge des festen aber sandfarbenen Körpers über den Strand hin. Diese Krabben suchen bei

Abb. 26. Der Schlagschatten wird durch seitliche Abflachung des Tierkörpers aufgehoben

23

Bedrohung irgendwelche Höhlungen im Sand auf, Fußstapfen und andere Zufallsgebilde; sie bergen dabei nicht so sehr ihren

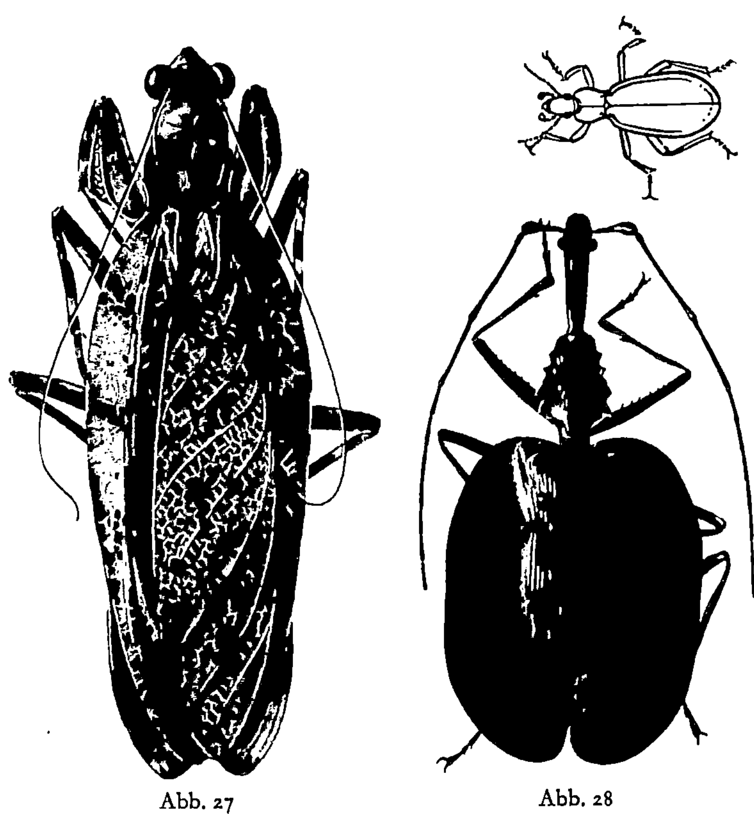

Abb. 27   Abb. 28

Abb. 27. Auch die der Gottesanbeterin (Mantis) verwandte Gattung *Theopompa* aus den Wäldern der indomalayischen Region zeigt die Abflachung vieler Körperteile, welche für Schattenvermeidung günstig ist. Besonders die Deckflügel sind seitlich stark verbreitert

Abb. 28. Bei *Gespenstlaufkäfern* (Mormolyce hagenbachi) der indomalayischen Tropen sind die Flügeldecken mächtig verbreitert — der Umriß eines gewöhnlichen Laufkäfers (Carabus) zeigt die für die Gruppe bezeichnende Form

Körper als vielmehr ihren auffälligen Schatten, wenn die Zeit nicht mehr reicht, um sich einzugraben oder eine Wohnröhre aufzusuchen.

24

Der Kampf gegen den Schatten wird auch durch aktive Einstellung zum Licht geführt. Eine weibliche Fahnen-Nachtschwalbe des tropischen Afrikas (Macrodipteryx longipennis), die am Boden nistet, dreht sich so gegen die Sonne, daß ein minimaler Schlagschatten entsteht. Am Morgen ist der Vogel nach Osten gerichtet, am Abend nach Westen — ein „Sonnenkult", der arterhaltenden Wert hat.

Auch einzelne Falter setzen sich beim Ruhen derart zur Sonne, daß der Schatten der über dem Rücken zusammengelegten Flügel nur noch den schmalsten Strich bilden kann. Andere dagegen neigen sich nach links oder rechts, so daß der Schlagschatten von der cryptischen Flügelfläche teilweise verdeckt wird. Beim Samtfalter kann die Neigung 40, ja bis 50° betragen. Versuche zeigen, daß solche Schiefstellung eine Antwort auf fremde Annäherung, also dem Sichdrükken bei Vögeln durchaus vergleichbar ist. Der Meister solchen Neigens ist ein Bläuling, der Brombeerfalter (Thecla rubi), der seine grüne Unterseite vollständig auf eine Seite legen und so der Blattunterlage fast schattenlos aufliegen kann.

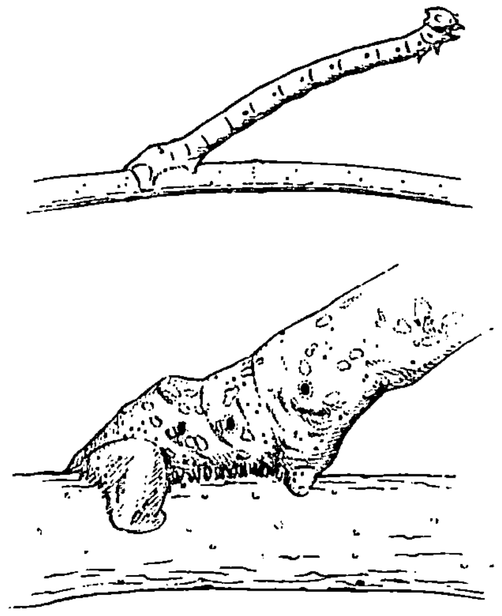

Abb. 29. Die Raupen der Spanner-Schmetterlinge (Geometridae), hier die des *Birkenspanners* (Pachys betularia) zeigen mehrere treffliche Tarnungseigenheiten: Starre Haltung, cryptische Färbung und zudem noch schattenaufhebende Fransen am Hinterende des Körpers (nach einer Photographie von Cott)

Doch wird der Kampf mit dem verräterischen Schatten noch mit ganz anderen Mitteln geführt: es treten im Muster des Tieres irreführende Schattenstriche und Flächen auf, wie sie auf Blättern etwa dem Schatten kräftiger Nerven entsprechen, in anderem Milieu dem von Rindenstückchen oder den natürlichen Schattenstrichen von Halmen.

b) Die Gegenschattierung

So wie mancherlei Gestaltungsweisen gegen den Schlagschatten kämpfen, so wird durch andere dem Körperschatten entgegengearbeitet, der durch Steigerung der plastischen Wirkung
das Tier auffällig macht und damit die Wirkung auch der besten
Tarnfarbe oder Zeichnung aufzuheben vermag.

Das wichtigste Mittel in diesem Kampf gegen den Körperschatten ist die *Gegenschattierung*, die nach den ersten Darstellern,
ABBOT und GERALD THAYER auch etwa als „*Thayer's Prinzip*" bezeichnet wird. Bemalen wir eine Walze oder Kugel in abgestuften Grautönen so, daß die dunkelste Partie dem Lichte zu, die
hellste aber auf der Unterseite liegt, so wirkt die natürliche

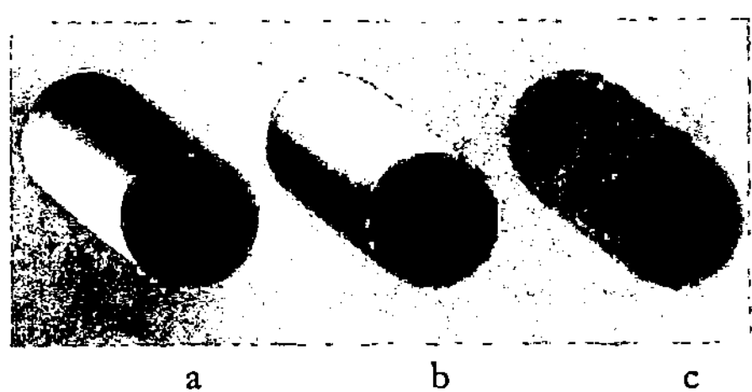

Abb. 30. „Thayers Prinzip" der *Gegenschattierung*.
a von oben nach unten abnehmende Färbung
bei diffusem Licht; b ungefärbter Zylinder bei
Oberlicht; c Wirkung von Oberlicht auf einen
wie a gefärbten Zylinder

Körperschattierung dieser Bemalung so genau entgegen, daß die
plastische, rundliche Erscheinung einer unkörperhaften weicht
(Abb. 30).

Diese Verteilung der Färbung entspricht der typischen Grundfärbung vor allem der Wirbeltiere (Abb. 31), aber auch mancher
anderer Tiergruppen, die am Rücken am dunkelsten, am Bauch
aufgehellt sind, und bei denen sehr oft eine Abstufung das Prinzip der Gegenschattierung zu voller Auswirkung bringt. Uns
allen steht die Unzahl mausgrauer oder gelbbrauner Säugetiere
und Vögel vor Augen, deren Färbungsbild dieser Regel folgt.
Das Thayersche Prinzip ist besonders wirksam, wo die Umgebung einen auffälligen Schlagschatten verhindert, also im Gras,
im Blätterwald. Die Schutzwirkung der Gegenschattierung ist
für relativ wehrlose Gruppen besonders bedeutsam — so ist es
nicht verwunderlich, daß es gerade die kleineren Arten sind, bei
denen diese Farbverteilung besonders oft erhalten geblieben ist
im Laufe der Jahrmillionen, während denen die Vorgänge der

Auslese die Gestaltung beeinflußt haben. Je wehrhafter ein Säuger oder Vogel, desto eher werden auch allerhand auffällige Abweichungen vom Thayer-Prinzip ohne schädigende Folgen erhalten bleiben. So treffen wir denn bei vielen Arten, deren Grundplan wohl auf Gegenschattierung beruht, an der Rumpfseite auffällige Grenzkontraste sowie am Kopf oder am Afterpol ebenfalls auffällige Muster.

Bei Fischen wird das Thayer-Prinzip sehr oft abgewandelt: die Färbung wird auf dem dunklen Rücken ins Blaue, auf der Bauchseite ins Silberne verwandelt, entsprechend den beiden Ansichten von oben und unten, die den Fisch gegen dunkle Wassertiefe oder gegen die helle Oberfläche erscheinen lassen.

Auch in der Insektenwelt ist das Prinzip der Gegenschattierung in vielen Varianten am Werk. Es ist daher auch bei Schmetterlingspuppen bereits vor der Formulierung durch THAYER durch POULTON festgestellt worden. Die sorgfältigste Untersuchung hat H. SÜFFERT in den Zwanzigerjahren durchgeführt, und wir wollen darum seine wichtigsten Resultate überblicken. SÜFFERTS Beobachtungen mögen manchen Naturfreund zu eigenem Nachforschen anregen und dadurch neue Quellen des Wissens, aber auch der Freude am Naturleben erschließen.

Abb. 31. *Gegenschattierung* ist bei Wirbeltieren besonders verbreitet: Fische, Vögel und Säuger (hier eine kleine Känguruhart) zeigen sie häufig

Süffert hat die Färbung einzelner Raupen untersucht. Er findet beim Heufalter (Colias edusa), der den Weißlingen verwandt ist, daß die Raupe das Thayersche Prinzip in doppelter Ausgabe zu einem besonderen Effekt verwendet. Von der Rückenlinie bis zur Mitte der Flanken läuft eine erste Abstufung; auf der Rumpfseite setzt aber unvermittelt eine zweite ein (Abb. 32). Durch diese zweifache Gegenschattierung wird bei Rückenlicht die plastische Wirkung des Rundungsschattens stark herabgesetzt. Der Raupenkörper wird in zwei Flächen zerlegt, seine Einheit wird optisch aufgehoben.

Aber dieser „Zweiflächeneffekt" wird nur in einer Beleuchtung von oben erreicht. Hier setzt die Komplikation ein, die erst aus einer solchen Färbungsart eine auf ein Auge bezogene, eine „visuelle" Erscheiunng macht. Der Raupe ist gerade die Verhaltensweise eigen,

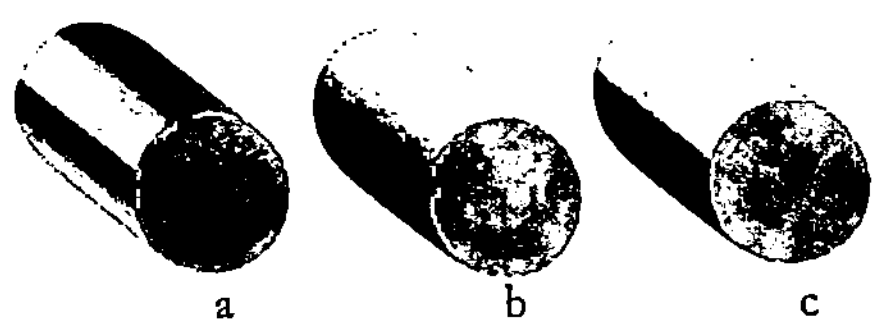

Abb. 32. „*Zweiflächeneffekt*". a Bemalter Zylinder mit doppelter Schattierung im diffusen Licht; b unbemalter Zylinder im Oberlicht; c Zweiflächenfärbung im Oberlicht: Aufhebung der Körperlichkeit

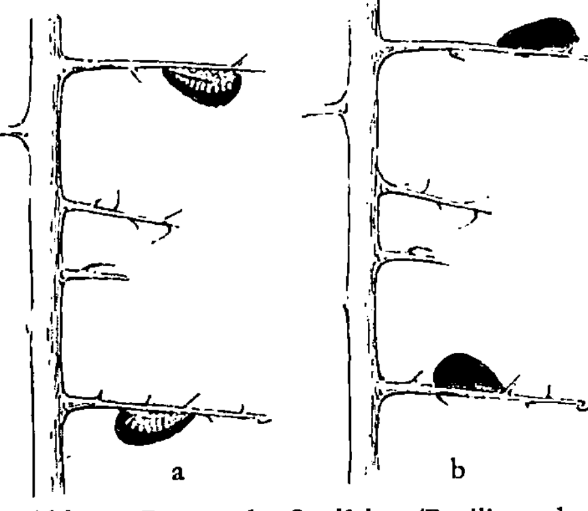

Abb. 33. Raupen des *Segelfalters* (Papilio podalirius) im Lichtversuch. a Nach Einstellung auf Unterlicht plötzlich in Oberlicht gebracht, wirken die Raupen stark körperlich; b nach einiger Zeit finden sie die neue Rückenlichtlage und wirken nun wieder unkörperlich (nach Süffert)

welche diesen Zweiflächeneffekt begünstigt. Süffert hat im Experiment zeigen können, daß durch aktive Einstellung die Raupe bei jeder Lage der Lichtquelle sich stets so einstellt, daß das Licht ihren Körper vom Rücken her trifft. Unsere Bilder zeigen die Versuchsanordnung bei der grünen Raupe eines Segelfalters (Abb. 33), die den gewöhnlichen Einflächeneffekt zeigt.

Immer entscheidet die aktive Wendung des Tieres über die optische Wirkung; erst sie macht die Tracht zu einer vollendeten Tarnung.

Die Einstellung für Rückenlicht ist aber nur *eine* der für Raupen typischen Normalhaltungen. Es gibt Arten, die stets die

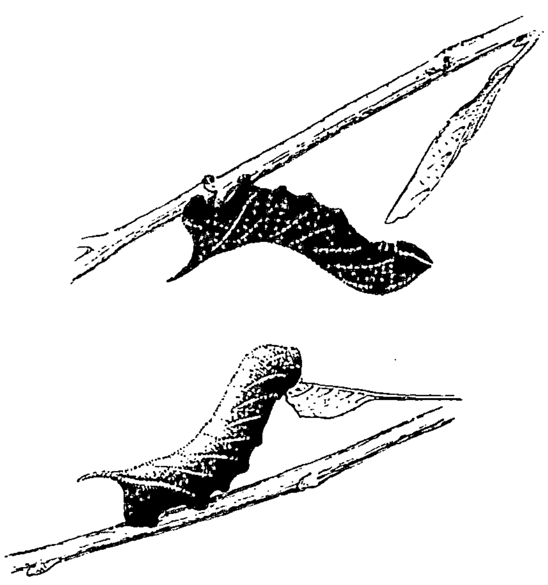

Abb. 34. Die Raupe des *Abendpfauenauges* (Smerinthus ocellata) sitzt in normaler Ruhehaltung so, daß Gegenschattierung ihre Körperlichkeit aufhebt. Dieselbe Raupe, in umgekehrter Lage, wird auffällig körperlich (nach COTT)

Bauchbeleuchtung aufsuchen, so die Raupen des Abendpfauenauges (Abb. 34). Bei den Raupen des südasiatischen Saturniden Actias selene ist die Zweiflächenmusterung so angelegt, daß wieder in der Normallage, also bei Bauchbeleuchtung, der körperauflösende Zweiflächeneffekt auftritt (Abb. 35, 36). SÜFFERT hat zeigen können, daß die Einstellung zum Licht nicht durch die Augen, sondern durch den Lichtsinn der ganzen Körperhaut bedingt ist.

3. Tarnung durch Maskierung

Seit Seewasseraquarien als Beobachtungsmöglichkeiten eine Rolle spielen, kennen die Tierfreunde eine kleine Gruppe von Krabben, welche eine besonders wirksame Gestaltauflösung betreiben: Arten der Gattungen Hyas, Inachus, Stenorhynchus, Pisa, Maja und ihre Verwandten finden wir bedeckt mit Algen, Schwammstücken und Polypenkolonien (Abb. 37). Die Krabben verschwinden dadurch völlig im Hintergrund, der aus diesen auf Steinen und Algen festsitzenden Flora und Fauna gebildet wird.

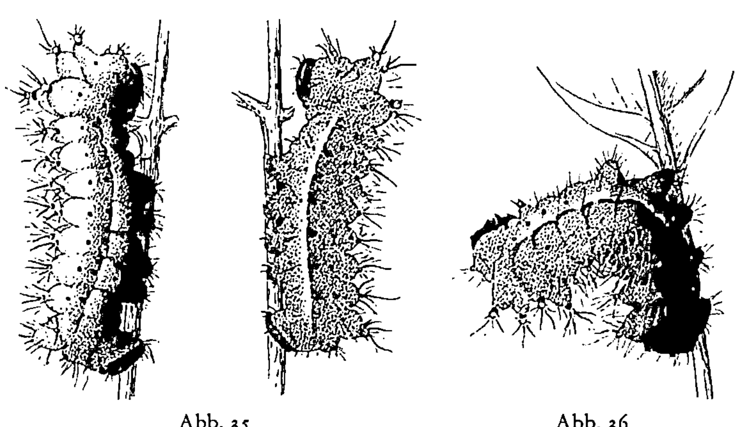

Abb. 35   Abb. 36

Abb. 35. Die Raupe eines großen Spanners aus Südostasien *(Actias selene)* ist auf Licht von der Bauchseite eingestellt. In dieser Ruhelage wirkt ihre Färbung „entkörpernd" durch Zweiflächeneffekt (rechts). Bei unnatürlichem Licht aber ist die Körperlichkeit überdeutlich (nach SÜFFERT)

Abb. 36. Das Verhalten bringt cryptische Struktur zur Wirkung. Bei Beleuchtung vom Rücken her bringt die Raupe von *Actias selene* ihren Körper sofort so weit wie möglich in Bauchlichtstellung, in der ihre Färbung am besten entkörpernd wirkt (nach SÜFFERT)

Abb. 37. Zwei Maskenkrabben: Links eine *Hyas* (F = Fühler) mit Algen getarnt, rechts eine *Pisa* mit Schwämmen und Korallenpolypen besetzt

Da der Krebspanzer sehr oft als Sitz von allerhand Röhren-
würmern oder festsitzenden Krebsen (den sogenannten Wal-
pocken) dient, so sind wir auf den ersten Blick geneigt, die
völlige Tarnung der Krabbe als Extrem dieser gewöhnlichen
Tatsache zu nehmen und als besonders intensiven Bewuchs mit
fremden Organismen aufzufassen. Sieht man aber näher zu, so
ändert sich das Bild: die Krabbe erscheint als eine der gewiegte-
sten Tarnungsspezialisten, die
wir kennen, der „Bewuchs" er-
weist sich als echte Maskerade.

Es zeigt sich zunächst, daß
die Algen und Schwammstück-
chen nur lose sitzen. Entfernt
man sie sorgfältig vom Tier
und läßt die fremden Organismen im Aquarium, so ist die
Krabbe bald wieder erneut ver-
hüllt. Sie tarnt sich wirklich
selbst und das Verfahren zeigt
uns drastisch das enge Zusam-

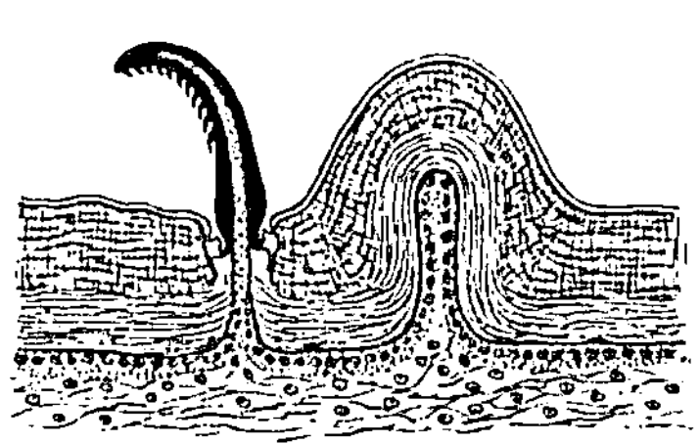

Abb. 38. Schnitt durch den Chitin-
panzer und ein Angelhäkchen einer
Hyas-Art; die Zähnchen des elasti-
schen Häkchens halten die Tarnungs-
objekte fest (nach AURIVILLIUS)

menwirken von Körperbau und Verhalten. Sehen wir näher zu.
Der Kopfbrust-Panzer der Krabbe ist an manchen Stellen von
gebogenen Chitinborsten bedeckt, die man „Angelhäkchen" genannt hat (Abb. 38). Während sonst der Panzer Kalk enthält,
bleiben diese Gebilde rein chitinös und dadurch elastisch. Sie
dienen dem Festhalten der Tarnobjekte, welche zwischen solche
Häkchen eingepreßt und von deren gebogenem Ende gehalten
werden. Solche Angelhäkchen kommen nur dieser einen Krabben-
gruppe zu.

Die Befestigung der Fremdkörper geschieht durch die Scherenfüße. Diese sind denn auch viel beweglicher gebaut als bei anderen
Krabben und vermögen alle Stellen des Körpers zu erreichen,
an denen Angelhäkchen sitzen (Abb. 39). Wir wollen besonders
beachten, daß einerseits die Gelenkbildung dieser Scherenfüße
vielseitiger ist als bei anderen Krabben, daß aber anderseits
Angelhäkchen genau soweit vorkommen, wie die Scheren zu
reichen vermögen: auf dem Rücken, in der Kiemenregion und
an bestimmten Zonen der Beine.

Noch eine Eigenheit des Körperbaus steht in engem Zusammenhang mit diesen Instrumenten der Tarnung: das spitze Vorderende dieser Krabben, das völlig abweicht vom breiten Vorderrand der gewöhnlichen Strandkrabben (Abb. 40). Dazu

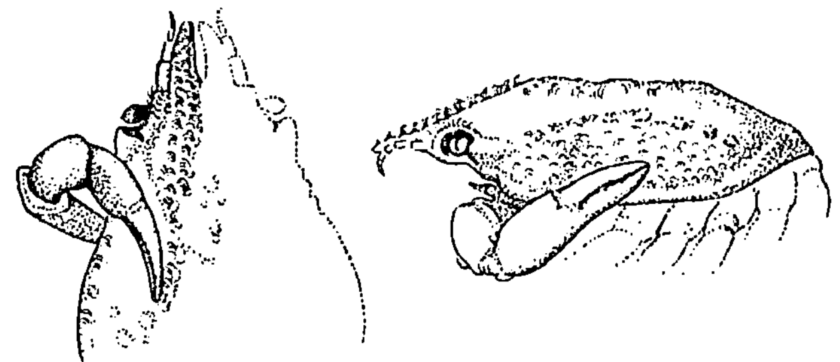

Abb. 39. Die Bewegungsmöglichkeiten der Schere einer *Maskenkrabbe* (Hyas) sind sehr groß, die Zangen erreichen jeden Punkt, an dem Häkchen stehen (nach Aurivillius)

kommt das Fehlen der Seitenkanten. Erst diese Besonderheit des Bauplans gibt den Scherenfüßen die Freiheit, ihre Möglichkeiten der Bewegung auch wirklich auszuüben.

Dazu kommt noch die besondere Umbildung der Verhaltensweisen, welche erst die völle Einheit des ganzen Geschehens verwirklicht. Doch wir kennen ja noch gar nicht den ganzen Betrieb: Die Krabbe reißt mit ihren Scheren kleine Stückchen

Abb. 40. Die Schwimmkrabben (links Portunus) zeigen einen ganz anderen Körperumriß als die Maskenkrabben (rechts Pisa) (nach Aurivillius)

von Algen, mit ganz besonderer Vorliebe solche von Schwämmen ab (nicht etwa in beliebiger Größe); bevor sie sich diese
Tarnstückchen aufsetzt, führt sie jedes einzelne zum Munde und
bewegt es ein paar Sekunden lang zwischen den Mundteilen.
Wenn das Objekt beim Festmachen abfällt, wird es vor dem er-
neuten Fixierungsversuch wieder zum Mund geführt. Die volle
Bedeutung dieser Teilhandlung kennen wir noch ungenügend.
Es wird nichts verzehrt, auch die Form der Tarnstücke wird
nicht verändert — es scheint sich vielmehr um eine Vorbereitung

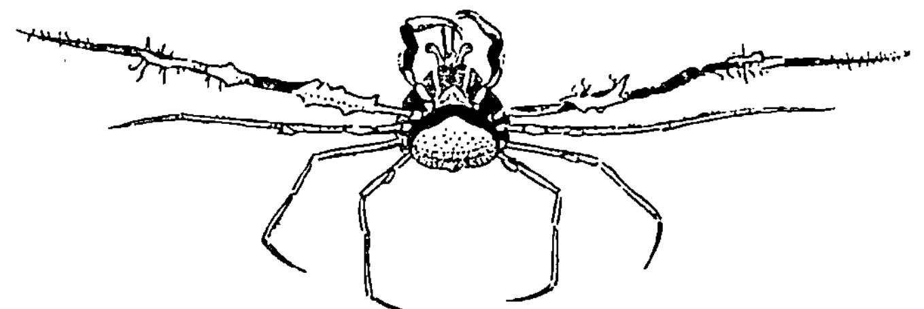

Abb. 41. Bei der *Maskenkrabbe Inachus scorpio* ist nur das zweite Beinpaar für
Tarnung eingerichtet

mit besonderen Sekreten zu handeln, die aus Drüsen am Grunde
der Kopfgliedmaßen stammen.

Entkleidet man die Krabbe, so ändert sie ihr ganzes Benehmen.
Sie wird unruhig, wandert herum, während sie im getarnten Zustand sich ganz still verhält. Jede Art hat ihre eigene Methode.
So tarnt Maja verrucosa, eine kleinere „Meerspinne", vorerst die
Kopfspitze, und manchmal läßt sie es dabei bewenden. Länglich
gespaltene Teile von Posidonia werden der Länge nach so auf
den Kopf gebracht, daß der ganze Körper stark verlängert erscheint. Bei Inachus scorpio ist nur das sehr lange erste Schreit-
beinpaar getarnt und wird meist in einer von den anderen Beinen
abweichenden Richtung gehalten (Abb. 41).

Eine ganz andere Maskierung übt die Krabbengattung Dromia,
die u. a. im Mittelmeer vorkommt (Abb. 42). Sie schneidet aus
großen Polstern sehr verschiedener Schwammarten, welche
den felsigen Meeresgrund in den verschiedensten Farben über-
ziehen, mit ihren Scheren passende Stücke heraus und bringt sie
auf ihren Rückenpanzer, wo sie durch das vierte und fünfte
Beinpaar festgehalten werden. Diese Gliedmaßen sind verkürzt,

zu ihrer Sonderleistung weitgehend umgeformt und höher oben
am Körper eingesetzt als die anderen Beine (Abb. 43). Unterstützt
bei den Maskenkrabben der spitze Vorderpol die Tarnung, so
bei Dromia die Umformung des hinteren Kopfbrustteils, die es
den Beinen ermöglicht, das Tarnungshaus des Schwammes zu
packen und zu halten. Dromia ist eine sehr geschickte Zuschnei-
derin. Bietet man einer entblößten Wollkrabbe ein aufgeweichtes
Stück Papier — größer als sie selbst — so beginnt sie zugleich

Abb. 42. Die *Wollkrabbe (Dromia vulgaris)* hält ihren tarnenden Schwamm
mit den besonders gestalteten hintersten Beinpaaren fest (z. Teil nach FENIZIA)

mit den Scheren ein Stück auszuschneiden, das zu ihrer Körper-
größe paßt. Sie kann ihr Haus auch fallen lassen und sucht sich
leicht ein neues. Bei längerem Bewahren derselben Hülle schmiegt
sich der Schwamm auffällig der Krabbengestalt an.

Als eine Art Maskierung müssen wir auch das Gebaren vieler
Insekten, vor allem von Larven derselben, auffassen, welche
einen ungeschützten Körper in Hüllen, Säcken, Köchern usw.
bergen, die auf der Grundlage von Drüsensekreten aufgebaut und
durch Fremdkörper vervollständigt werden. Die Raupen der
„Sackträger" oder Psychiden unter den Schmetterlingen, die im
Wasser lebenden Larven der Köcherfliegen sind derart durch
komplizierte Gebäude geschützt. In anderen Fällen bleiben
Fremdkörper auf der Haut kleben (Larven von Raubwanzen, wie
Reduvius personatus), oder die Larve sitzt unter ihren eigenen
Exkrementen, wie es manche Käferlarven tun); in einem dritten
Fall bleiben die Häute ausgesogener Blattläuse auf dem Rücken
als Tarnmaske kleben, so bei Larven der Florfliege Chrysopa,
die etwa auch als „Blattlauslöwe" bezeichnet wird.

Schließlich muß als solches Versteckspielen auch eine der seltsamsten Tarnungen beachtet werden: die Schaumklümpchen, in denen sich die Larven der Zikade Philaenus spumarius (und ihrer Verwandten) verbergen — der sogenannte „Kuckucksspeichel" an Wiesenpflanzen oder Sträuchern. Die kleinen, weichen Larven saugen Pflanzensaft als Nahrung — ein Darmsekret, das abgegeben wird, mischt sich mit dem Sekret von Drüsen, die auf der Rückseite des 7. und 8. Hinterleibssegmentes tätig sind. Es entsteht ein seifenartiges Gemisch, in das durch die Tracheen der Larve Luft eingeblasen wird und das so schließlich das Schaumgehäuse formt.

Es ist bezeichnend, daß solche schützenden Einrichtungen bei Insekten vor allem in der längsten Lebensphase, in der Larvenzeit auftreten. Ihre Schutzwirkung ist hier ganz besonders arterhaltend.

Da wir gerade von Drüsentätigkeit im Dienst der Tarnung sprechen, so muß hier noch ein

Abb. 43. *Wollkrabbe (Dromia vulgaris)* ohne ihren Schwamm, um die stark nach der Rückseite verlagerten, letzten Beinpaare zu zeigen (nach FENIZIA)

anderer Sonderfall erwähnt werden: die Tintendrüse der Tintenfische, jener Weichtiere des Meeres, die zu den höchst differenzierten Tierformen gehören und den höheren Krebsen und den Fischen verglichen werden dürfen. Allbekannt ist das Auswerfen des schwarzen Sekrets dieser Tintendrüsen, das einen dunklen Schwaden im Wasser bildet, in dessen Schutz das Weichtier rückwärts schwimmend zu fliehen vermag. Weniger bekannt ist ein verfeinertes Tarnungsmanöver kleiner Sepia-Individuen (auch Sepiola macht Ähnliches). Wir folgen der Beschreibung von L. CUÉNOT (1931): „Im Sommer ruhen in Buchten mit geringer Tiefe und Sandboden die kleinen Sepien auf dem Grund, fast unsichtbar, da sie gleich gefärbt sind wie der Untergrund. Rückt man auf sie zu, so wird das Tier plötzlich dunkel, flieht und wirft ein winziges Wölkchen dichter Tinte aus, das die vorherige Lage des dunkel gewordenen Tiers anzeigt; dieses hat inzwischen eine rasche

Wendung seitwärts gemacht, ist wieder hell geworden und hat
sich am Boden niedergelassen — ein bis zwei Meter entfernt.
Sandkörner machen die Tarnung vollständig. Wenn man die
Sepia verfolgt, so wiederholt sie das Manöver mehrmals, bis ihr
Tintenvorrat erschöpft ist". Fügen wir bei, daß bei dieser Ab-
lenkung des Verfolgers durch ein dem Körper in der Größe

Abb. 44. *Xenophora*, eine Vorder-
kiemenschnecke der warmen Meere,
schließt Fremdkörper in ihre Schale
ein — hier ausschließlich kleinere
Schnecken- und Muschelschalen, die
in strahliger Orientierung eingefügt
werden (Photo H. R. HAEFELFINGER)

entsprechendes Tintenwölkchen eine sehr feine Dosierung des
Tintenwurfs am Werke ist.

Eine besondere Maskierung bei marinen Schnecken verdient
unsere Beachtung: der Fall einzelner Schnecken der Gattung
Xenophora. Diese „Trägerinnen von Fremdem" schließen in ihre
Schale fortwährend Fremdkörper passender Größe ein, so daß
die Schalenoberseite mit einer Spirale solcher Zutaten bedeckt
ist (Abb. 44). Die Unterseite mit der Schalenöffnung bleibt frei
und läßt dem Weichtier seine Bewegungsmöglichkeit. Der Fuß
dieser Schnecken vermag zuzupacken und durch rasche Kon-
traktion kurze Sprünge zu vollziehen. Er mag daher auch zum
Finden und Heranholen der Einschlußobjekte taugen. Einzelne

Formen wählen ausschließlich Schalen und Schalenfragmente anderer Weichtiere, andere sind Liebhaber von Kieseln. Die Forscher haben scherzweise von „Conchyologen" und „Mineralogen" unter den Xenophoren gesprochen; aber hinter dem Scherzwort verbirgt sich das Problem, nach welchen Merkmalen die Auslese dieses Materials vollzogen wird. Dem jugendlichsten Zustand fehlt die Fähigkeit dieses Anheftens. Mit steigender Größe des Tieres werden auch die eingegliederten Gebilde größer.

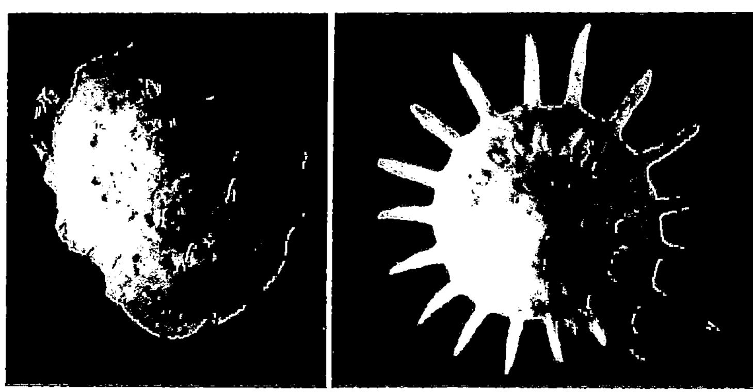

Abb. 45. Links eine *Xenophora*-Art mit geringfügigen Einschlüssen; rechts *Xenophora solaris* mit eigener Stachelbildung (nur in der Frühzeit kleine Fremdkörper einschließend) (Phot. H. R. HAEFELFINGER)

Bei einzelnen Arten liegen die Fremdkörper als geringfügige Zutaten in Abständen, bei andern hört das Ankleben später völlig auf, bei wieder anderen werden im Alter die Einschlüsse besonders massig und dicht. Zuweilen beobachtet man ein deutlich radiär geordnetes Eingliedern, was beträchtliche Tastprüfungen und Entscheidungen von Seiten der Schnecke voraussetzt. Wir kennen fossile Gehäuse, bei denen die spärlich und auf kleine Sockel eingefügten Fremdkörper ein eigentliches Ornament geformt und jedenfalls die Schnecke nicht maskiert haben.

Die Variante von Xenophora solaris ist aufschlußreich (Abb. 45). Nachdem einige Schalenwindungen in der Frühzeit mit kleinen Fremdkörpern besetzt worden sind, erlischt plötzlich dieser Trieb des Einschließens anderer Objekte. Der Mantelrand, der sich bisher rhythmisch im Einfügen fremder Schalen betätigt hat, setzt aber seine rhythmische Arbeit auch weiterhin, nur in einer ganz anderen Weise fort: er formt jetzt von Zeit zu Zeit kleine Vorsprünge während der Kalkabsonderung, und so entstehen erst kleine, unregelmäßige, dann immer regelmäßigere Randzähne am vorrückenden Außensaum der Schale. Diese Fortsatzbildung und damit letztlich auch das Anheften von Fremdgebilden ist eine Variante der Fähigkeiten des Mantelrandes, denen wir so vielerlei Formunterschiede der Schnecken- und Muschelgehäuse mit ihren Warzen, Stacheln, Farbbändern usw. verdanken. Xenophora solaris ist keine getarnte Schnecke. Aber gerade deswegen müssen wir sie im Zusammenhang mit unserem Problem beachten. Zeigt doch der Blick über die Mannigfaltigkeit ihrer Gattung, daß wir die Tarnungsmerkmale immer in einem sehr weiten Feld verschiedener Funktionen sehen müssen. Von der rhythmischen Stachelbildung des Mantelrandes bis zur Bedeckung mit Fremdkörpern, vom geometrisch geordneten Gehäusebau bis zur völligen Tarnung geht hier die Skala der Möglichkeiten.

4. Tarnung durch gestaltliche Ähnlichkeiten

Auflösung der Gestalt ist das große Mittel der Tarnung. Die Wirkung wird aber sehr oft noch gesteigert, indem sich den gestaltauflösenden Eigenheiten noch besondere Merkmale beigesellen, welche besondere Ähnlichkeit mit fremden Gestaltungen schaffen und so den Tierkörper nicht bloß in seinem Eigenwert aufheben, verschwinden lassen, sondern ihn gleichsam zu etwas Neuem machen, zu einem Blatt, zur Flechte, zu einem kleinen Aste, zu einer Meeresalge usw. Solche schützende Ähnlichkeit hat man herausgehoben durch die Bezeichnung *Mimesis* oder *Mimese*, dem griechischen Wort für Nachahmung entsprechend, das wir ja auch gebrauchen, wenn wir den Schauspieler als Mimen bezeichnen. So sprechen wir von Blattmimese, Flechtenmimese usw. Die Prüfung dieser Nachahmung führt auch zu den ganz besonderen Nachahmungen, die mit dem Wort „Mimikry" bezeichnet werden.

a) Blattgestalten

Das grüne lebendige Kleid der Vegetation, das so weite Regionen der Erde überzieht, ist der Lebensraum für ungezählte Organismen. In dieser Umgebung kann jede Annäherung an

Blattgestaltungen der Pflanzen einem Tier Schutz gewähren. Jäger und Beute können mit denselben Tarnmitteln ausgerüstet sein. In der Tat weisen denn auch Tiere der verschiedensten Herkunft die Form grüner oder verfärbter brauner Blätter auf. Wir wollen dieser besonderen Gestaltung ein wenig nachgehen, weil gerade sie uns einige wichtige Grundsätze der Tarnung und allgemeinere Hintergründe der ganzen Erscheinung vor Augen führt.

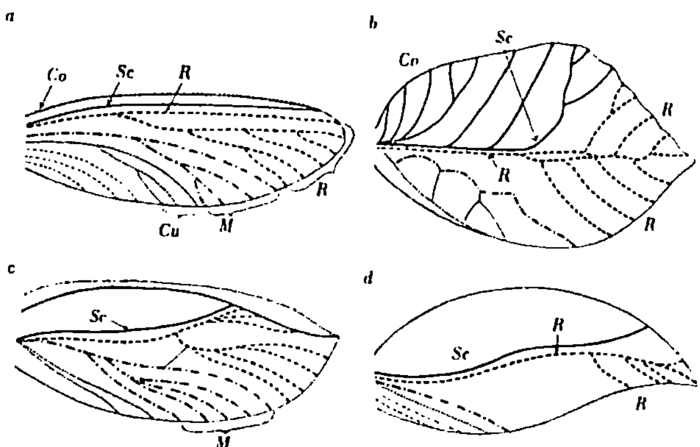

Abb. 46a—d. Adern blattgestaltiger Insektenflügel. *a* archaische Form eines Insekts aus der Steinkohlenzeit (Palaeodictyoptera); *b Mimetica*, Blattheuschrecke aus den Tropen; *c Cyrtophyllites*, eine Laubheuschrecke aus der Jurazeit; *d Mastiphaga*, eine andere Gattung der Blattheuschrecken. Die Bilder zeigen die Verlagerung der Subcostal- und Radialader nach der Mitte der „Blattfläche", wodurch eine „Mittelrippe" erzeugt wird. *Co* Costalader, *Cu* Cubitalfeld, *M* Medialfeld, *R* Radialader und ihre Zweige, *Sc* Subcostalader

Blattgestalt — das bedeutet flächenhafte Ausbreitung, Blattnerven und besonders oft ovalen oder lanzettlichen Umriß. Das geflügelte Insekt bietet daher recht günstige Voraussetzungen für die Nachbildung solcher Formen — aber mit wie verschiedenen Mitteln wird dasselbe Ergebnis verwirklicht!

Der einzelne Flügel vieler Insekten vereinigt schon wichtige Elemente der Blattnachbildung: so ist denn Blattwirkung durch Darbietung der Seitenansicht eines Flügels ein Weg zu trefflicher Tarnung (Abb. 46). Schon unter den Insekten der Steinkohlenzeit, also etwa 300 Millionen Jahre vor unserer Gegenwart, bereits in Zeiten, wo Laubbäume der uns vertrauten Gruppen noch fehlen, treten Geradflügler auf, deren Vorderflügel lanzettlich ist, wobei die Aderung in der Richtung auf eine Mittelrippe hin umgeformt erscheint. Solche tierischen Blattgestalten sind also uralt.

Die Steigerung dieser Formähnlichkeit geschieht vor allem durch eine Verlagerung der sog. Subcostal- und der Radialader aus der Randstellung in eine Hauptachse der Flügelfläche. Vom so entstandenen „Mittelnerv" biegen dann die anderen Haupt- und Nebenadern seitlich nach oben und unten und erhöhen die pflanzenhafte Erscheinung (Abb. 46 b).

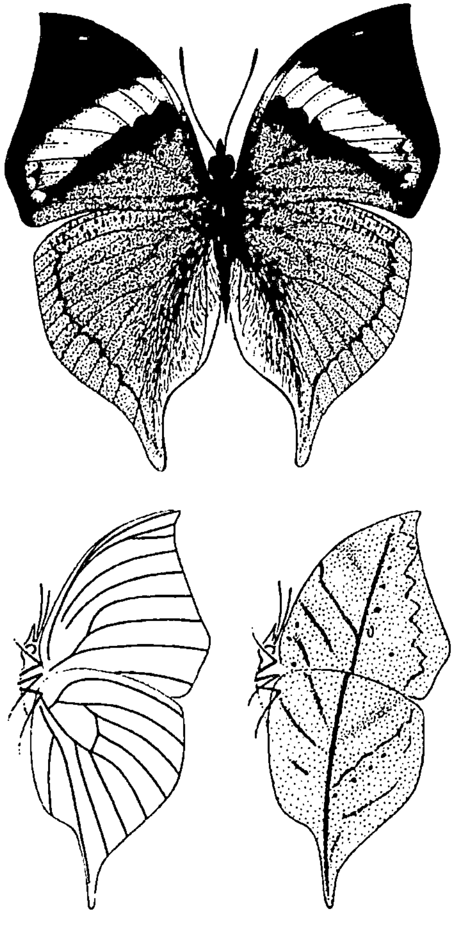

Andere Wege werden uns von den Schmetterlingen gezeigt: Da ist es bei Tagfaltern zuweilen die Kombination von Vorder- und Hinterflügel, die in Seitenansicht auf ihrer Unterseite das Blatt spielt. Der Verlauf der Flügeladern widersetzt sich aber hier einer Verlagerung, wie die Geradflügler sie fertigbringen (Abb. 47). So übernehmen denn Färbungselemente die Rolle der Blattrippen: sie mimen, unterstützt von einem stielartigen Fortsatz der Hinterflügel, die vegetabilische

Abb. 47. Der Blattschmetterling *Kallima* aus Südostasien. Oben die auffällig gefärbte Oberseite; unten links die echten Flügeladern, die der Blattform zuwiderlaufen, die aber (rechts) durch die Verteilung des Musters ausgeschaltet werden (z. Teil nach SÜFFERT)

Form. So erscheint der durch alle Darstellungen der Abstammungslehre berühmt gewordene Blattschmetterling Kallima Südostasiens, wenn er sich zur Ruhe niederläßt.

Die Faltergruppe der Spanner (Geometriden) führt wiederum ihren besonderen Weg zu Blattähnlichkeit vor. In der Gattung Oxydia z. B. (Abb. 48) erreicht das Insekt durch Darbietung der Oberseite die

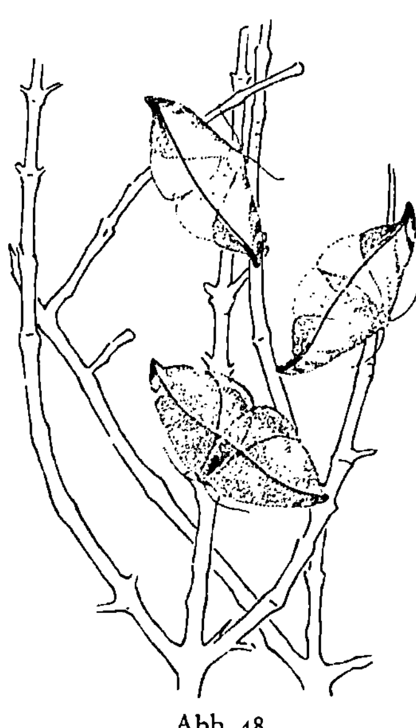

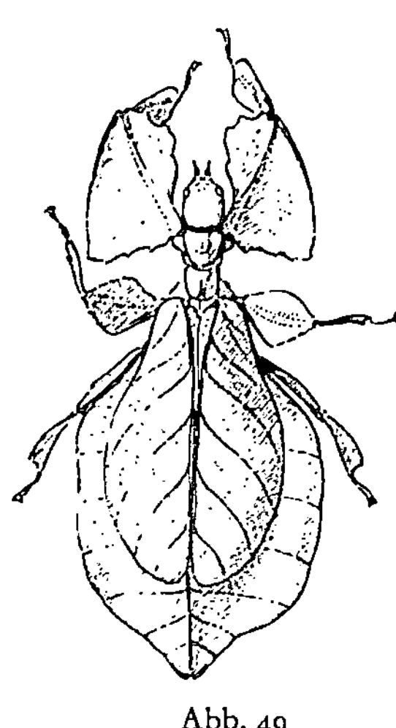

Abb. 48   Abb. 49

Abb. 48. Die Blattähnlichkeit der südamerikanischen Spannergattung *Oxydia* wird durch eine über alle vier Flügel laufende „Mittelrippe" erhöht. Die Einheit dieser aus vier Teilstücken aufgebauten Linie entsteht durch die Ruhestellung der Flügel, wie sie für die Familie der Geometriden bezeichnend ist (nach PICADO)

Abb. 49. *Wandelndes Blatt (Phyllium siccifolium)*. Das „Blatt" wird hier von den zwei Oberflügeln gemeinsam geformt

bergende Wirkung — der Gesamtumriß blattähnlich, eine auffällige aus Farbstoff geformte Mittellinie verstärkt die Blattgestalt, wenn das Tier in der für Spanner typischen Haltung mit ausgebreiteten Flügeln im Geäst sitzt.

Vergessen wir das „wandelnde Blatt" nicht: die Geradflüglergattung Phyllium der indo-australischen Region, die geradezu ein Inbegriff, ein Schulbeispiel dieser Tarnungsart ist (Abb. 49).

Dieses Blattinsekt ergänzt unsere Reihe durch einen neuen Typ. Nur das weibliche Tier wandelt als Blatt — ihm ist dafür das Fliegen versagt —, die flugfähigen, kleineren Männchen haben verkürzte Flügeldecken. Diese kurzen männlichen Gebilde sind denn auch vom typischen Bauplan der Gruppe mit der Radialader in der Mittelachse (Abb. 50). Im Weibchen aber werden diese Flügeladern verlagert und bilden gegen den Unterrand hin eine kräftige .

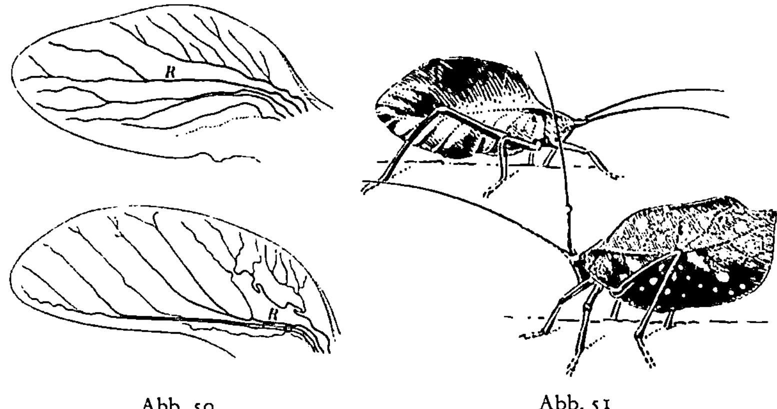

Abb. 50   Abb. 51

Abb. 50. Deckflügel des *Wandelnden Blattes* (*Phyllium*): Oben der rudimentäre Deckflügel des Männchens, dessen Adern normal verlaufen; unten weiblicher Flügel, dessen Hauptadern verschoben sind und mit denen des anderen Flügels die Blattmittelrippe bilden. *R* Radialader (nach VIGNON)

Abb. 51. *Blattheuschrecken* des amerikanischen Tropenwaldes (oben Paracycloptera, unten Cycloptera) (nach Photographien)

Hauptrippe. Diese legt sich beim reifen Weibchen eng an die entsprechende der anderen Flügeldecke, und so formen diesmal die zwei Decken zusammen das „Blatt": die Mittelrippe wird von den vereinten, extrem verschobenen Hauptadern gemimt, die Seitennerven vor allem von Verzweigungen und Abbiegungen derselben. Phyllium kombiniert aber mit diesem „Blatt" noch eine wirksame Gestaltauflösung des übrigen Körpers durch flächige Verbreiterung von Beingliedern, die nicht wenig zum Verbergen beitragen. Die frühesten Stadien von Phyllium sind noch keine wandelnden Blättchen: sie sind lebhaft rot gefärbt — erst später entsteht die mimetische Gestalt.

Die allgemeine Ähnlichkeit mit Blattformen wird durch die häufige grüne und braungelbe Färbung unterstützt (Abb. 51). Aber die täuschenden Wirkungen steigern sich in manchen Fällen

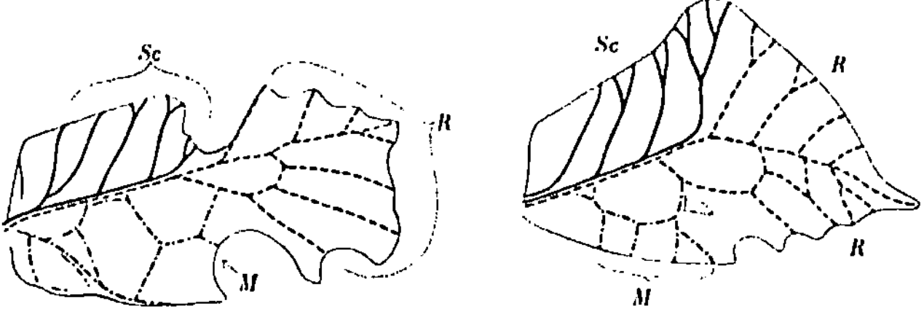

Abb. 52. Flügel zweier Blattheuschrecken aus den Tropen Südamerikas (Typophyllum) mit Kerben am „Blattrand", die wie Fraßspuren aussehen (Bezeichnungen wie in Abb. 46)

durch erstaunliche Umbildung einzelner Formelemente. Die Ausgestaltung von durchsichtigen oder weißlichen Flecken, die Pilzwirkungen vortäuschen können, sind oft bemerkt worden, so etwa beim Blattschmetterling Kallima. Doch zeigen südamerikanische Heuschrecken der Gattungen Mimetica, Typophyllum, Pterochroza u. a. noch viel erstaunlichere Einzelheiten: gitterartige Fensterpartien, Pilzflecken, Blattverfärbungen zu welken Tönen. Manche der Fensterbildungen gleichen den Minen, welche von Schmetterlingsraupen in Blattflächen angelegt werden.

Von der Gestaltung des Umrisses gilt dasselbe. Manche Arten dieser Blattheuschrecken formen Vorderflügel, deren Rand wie von blattfressenden

Abb. 53. Blattmimese des südamerikanischen Schmetterlings Draconia rusina mit „Fraßspuren" an den Flügelrändern und mit „Fensterbildungen", welche Blattzerfall mimen (nach Cott)

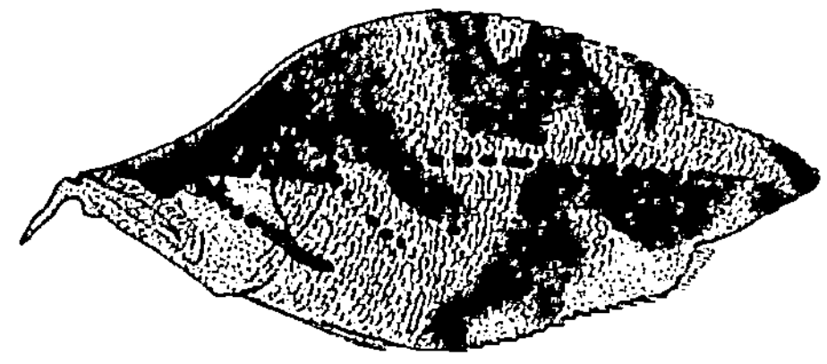

Abb. 54. Der südamerikanische *Blattfisch* (Monocirrhus polyacanthus) (nach Cott)

Insekten benagt aussieht: große, in der Seitenansicht völlig unregelmäßig erscheinende Kerben täuschen diese Fraßspuren vor (Abb. 52). Erst der Vergleich der beiden ausgebreiteten Flügel zeigt, daß es sich um eine regelmäßige, völlig symmetrische Gestaltung handelt.

Auch unter Schmetterlingen finden wir ähnliche Extreme der Blattmimese. Ein Falter aus Guayana, unseren Blutströpfchen, den

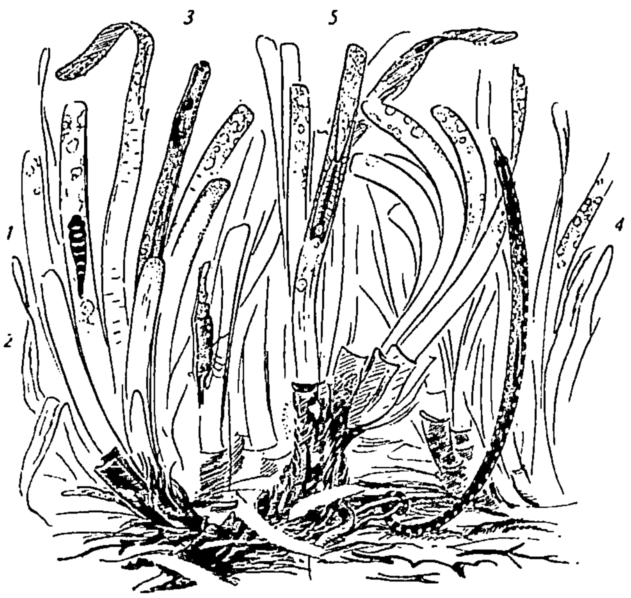

Abb. 55. In den *Seegraswiesen* des Mittelmeeres zwischen den Blättern von Posidonia caulinii: 1. Schildbauchfisch (Lepadogaster); 2. Garneele (Hippolyte); 3. Seenadel (Siphonostoma); 4. Seenadel (Nerophis); 5. Assel (Idothea). Auf den Posidoniablättern Kalkalgen (Melobesia), die häufig vom Muster der Tiere nachgemacht werden (z. Teil nach BAUER)

Zygaenen entfernt verwandt, erreicht die vorhin erwähnten Heuschrecken. Es ist Draconia rusina, ein brauner Schmetterling (Abb. 53). Draconia zeigt nicht nur die Fraßkerben am Flügelrand, sondern auch die Fensterbildungen wie sie beim Zerfall des Blattes durch Bakterieneinwirkung entstehen. Aber das feine Netzwerk, das zarte Blattnervatur vortäuscht, wird durch besondere Schuppen des Flügels „dargestellt", es ist nicht etwa ein Adernetz des

Falterflügels, der über solche Nervengruppierungen gar nicht verfügt.

Blattähnlichkeit erscheint auf den ersten Blick ein Privileg der Insekten. Doch gelingt diese Umformung auch im Bereich der Fischgestalten. Im Amazonasgebiet lebt eine der seltsamsten dieser Blattformen (Abb. 54), die auch von den Einheimischen „Blattfisch" genannt wird (Monocirrhus polyacanthus). Das Tier hängt

Abb. 56. Marine Schnecken aus der Gruppe der Hinterkiemer (Opisthobranchia) auf Blättern von Seegras und auf Algen. Von links nach rechts: Lobiger serradifalci, Elysia viridis, Jugendform des „Seehasen" (Aplysia punctata)

entweder bewegungslos im Wasser oder liegt flach auf dem Grunde mitten unter den im Wasser begrabenen toten Blättern. Im Netz verharrt der Fisch bewegungslos — auch sein Verhalten ist also auf Blattähnlichkeit gestimmt. Die Ähnlichkeit von Fisch und Blatt ist so groß, daß abgefallene Blätter in größerer Zahl gefischt und sehr eingehend geprüft werden müssen, um Monocirrhus zu entdecken.

Die Blattgestalt wird durch seitliche Abflachung erreicht, aber auch durch Verlagerung der durchsichtigen Flossenflächen nach hinten. Auch ist eine aktive Farbanpassung ausgezeichnet entwikkelt. Monocirrhus schwimmt nicht durch verräterisches Schlängeln

des Körpers, sondern durch rasches Schlagen der fast unsicht-
baren Dorsal- und Analflossen am Hinterende. Das tote Blatt
ist eine lauernde Falle. Nähert sich ein kleiner Fisch, so öffnet
sich der weite Mundspalt; rascher Flossenschlag bringt die Beute
ins Maul. — Auch andere seitlich abgeflachte Fische können im
Wasser angesammelten Blättern gleichen.

Wenn von Blattmimese die Rede ist, so müssen wir auch an
die Vegetation des Meeres denken, die ja auch der Lebensraum

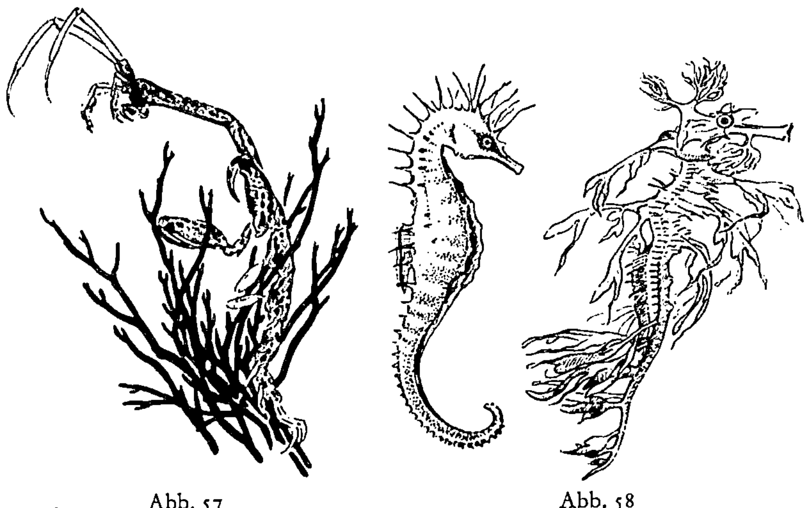

<table>
<tr><td>Abb. 57</td><td>Abb. 58</td></tr>
</table>

Abb. 57. Kleiner mariner Krebs aus der Verwandtschaft der Flohkrebse
unserer Bäche (Caprella aequilibra) in den Algen von Felsküsten

Abb. 58. *Seepferdchen* (Hippocampus) und sein extrem getarnter Verwandter,
der *Fetzenfisch* aus dem pazifischen Ozean (Phyllopteryx eques)

einer reichen Fauna ist. Entsprechend kommen denn auch hier
Tarnungen in vielen Varianten vor.

Echte Blätter bilden nur die höheren Pflanzen, die Seegras-
arten wie Zostera oder Posidonia, welche im Küstengebiet
eigentliche unterseeische Wiesen bilden, soweit eben sandiger
Boden ihnen Gelegenheit zur Verwurzelung gibt. Den leicht be-
wegten, schlanken Blättern gleichen auffällig in Gestalt und Verhalten manche Fische, die hier ihren Lebensraum haben. Die See-
nadeln (Syngnathus, Nerophis) erreichen dies durch ihre normale

46

senkrechte Haltung mit nach oben gerichtetem Kopf (Abb. 55).
Im gleichen Blätterwald leben trefflich getarnte Krebse, die uns
als Meister des Farbenwechsels noch einmal begegnen werden.

Auch der Algenwald der Felsenküste des Meeres beherbergt
eine Reihe von Tiergestalten, die der Vegetation in hohem Grade
gleichen und dadurch wirksamen Schutz finden (Abb. 56). Da

Abb. 59. In den Algenbüschen der atlantischen Sargasso-See lebt der *Sargas-sumfisch* (Histrio pictus), den somatolytische Gestaltmerkmale besonders gut
tarnen

sind vor allem manche Schnecken aus der rein marinen Gruppe
der Hinterkiemer, deren Körper lappenförmige Anhänge aufweist, welche im Algenwald gestaltauflösend wirken. Die kleine
grüne Elysia gehört zu ihnen, auch Lobiger im Mittelmeer, der in
braunem Tang besonders gut getarnt ist. Der Seehase (Aplysia)
erreicht in der Skala von Rosa bis Olivgrün und Dunkelbraun
einen hohen Grad von Tarnungsschutz. In seinen jüngsten Stadien
scheint er Rotalgen zu bevorzugen, später die Braunalgen. Junge
Aplysien behalten ihre Farbe, auch wenn man sie auf verschiedenem Untergrund hält. Die Übereinstimmung des Farbkleides
mit der Umgebung scheint auf der Wahl des entsprechenden
Algentypus zu beruhen. Unter den marinen Krebsen zeigen die

47

Asseln und die Flohkrebse manche cryptisch wirkenden Gestaltungen: die grotesken Caprelliden sind im Gewirr von kleinen Algen, Polypenkolonien und Moostierchen ganz besonders gut getarnt (Abb. 57).

Doch auch die Fischgestalt erreicht in mehreren ihrer vielen Varianten die Auflösung zu Algenformen. In den australischen Meeren gelingt dies den Verwandten unserer Seepferdchen, die ja selbst auch über verbergende Möglichkeiten verfügen. Die Fetzenfische (Phyllopteryx) zeigen das Extrem durch besondere algenartige Form ihrer leicht beweglichen langen Körperanhänge (Abb. 58).

Körperform und Schutzfärbung verhelfen den Fühlerfischen (Antennariden), Verwandten der Anglerfische, zu einer Algenmimese von erstaunlicher Präzision. Ganz besonders gut gelingt dies der Gattung Histrio, die nicht zufällig diesen Namen des „Schauspielers" erhalten hat, und die in den goldbraunen Tangbündeln der tiefblauen Sargassosee ein verborgenes Leben führt. Sie findet in diesen treibenden Wiesen von Hochseetang nicht nur Nahrung, sondern pflanzt sich auch in diesem Lebensraum fort. Ähnlich gestaltete Verwandte leben in den Korallenriffen, wo sie durch vielerlei somatolytische Leistungen verschwinden. Sie sind alle Schauspieler, die nicht glänzen wollen (Abb. 59).

b) Ähnlichkeit mit Rinden, Ästen und Flechten

Wie die Blattgestalt, so wird auch Rindenähnlichkeit auf die verschiedenste Weise verwirklicht. Jede flache Ausbreitung hilft mit. Dadurch sind viele Falter, vor allem Spanner prädestiniert für solche Tarnungsorte, sie breiten alle vier cryptisch gemusterten Flügel flach aus, oder (im Fall der Schwärmer z. B.) sie verbergen die auffälligen Unterflügel (Abb. 60). Aber in vielen Fällen wird noch ein Übriges getan. Bei einzelnen Wanzen, so bei der brasilianischen Gattung Phloea, einer Verwandten unserer Baumwanzen, sind alle Segmente des Körpers extrem verbreitert und abgeflacht und schaffen eine der erstaunlichsten Schutzgestalten (Abb. 61). Manche Geckonen, die in Ruhestellung an Bäumen verharren, zeigen ähnliche Verbreiterungen des Leibes, vor allem des Schwanzes, deren schattenvermeidende Wirkung wir schon erwähnt haben: Der Kampf gegen den Schatten spielt gerade bei

Rindenmimese eine große Rolle. Auch die Umgestaltung der Kopfspitze bei Schlangen des tropischen Regenwaldes kann die Angleichung an Baumrinde und Aststruktur fördern (Abb. 62).

Besonders drastisch aber ist die Rindenanpassung vieler Vögel, die sich zuweilen zur Nachahmung ganzer Äste erhöht. Die braunen Federfarben mit Querbindenmustern in vielen Größenordnungen helfen dazu; das Auftreten unregelmäßiger Fleckung in der Größenordnung von Rindenfeldern trägt wirksam zur

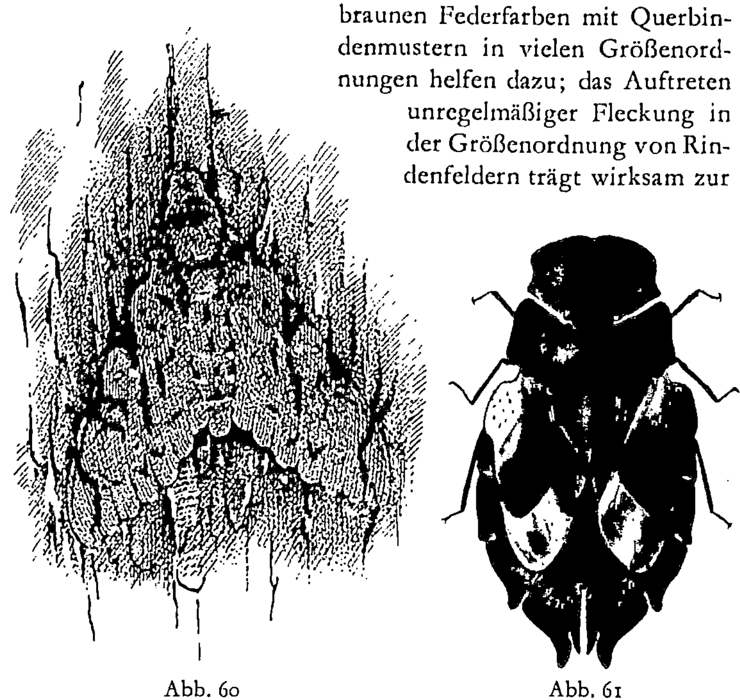

Abb. 60   Abb. 61

Abb. 60. Der ostafrikanische Schmetterling *Xanthopan morgani* mit extremer Rindenmusterung (nach Cott)

Abb. 61. Eine rindenähnliche *Baumwanze* Südamerikas (Phloea corticata) zeigt eine schattenvermeidende Verbreiterung aller Körperabschnitte

Körperauflösung bei. Aber auch die raffiniertesten dieser Mimesen führen nur zum vollen Gelingen, wenn sinngemäße, ererbte Verhaltensformen sie ergänzen. Diese sind denn auch zu hoher Meisterschaft entwickelt.

Als Meister der Tarnung haben wir bereits unseren einheimischen Ziegenmelker (Caprimulgus) kennengelernt, der uns einige Grundgesetze demonstriert hat. Wie viele Einzelheiten zur

Vollendung der Gestaltauflösung zusammenwirken, mag noch ein weiteres Beispiel aus dieser Vogelgruppe der Nachtschwalben bezeugen: die Froschmäuler (Batrachostomus) der indomalaiischen Region (Abb. 63). In ihrer „Erscheinung", für die man aber das Wort „Verschwindung" schaffen möchte, kombinieren sich braune Töne von Rinde und absterbendem Laub, somatolytische Fleckenbildung von dunkel und hell, Grenzflächenkontraste und kleine, unregelmäßig wirkende Punkte am Ende einzelner Federn. Dazu kommt eine sonderbare Bildung von weißen Federenden, welche den Körperumriß auflockern und sehr stark formlösend wirken. Sie ähneln den Lockenfedern mancher Taubenrassen. Unser Bild hebt absichtlich den Vogel aus der Umgebung heraus, um die regelmäßige Ordnung auch eines solchen gestaltauflösenden Musters zu zeigen.

Abb. 62. Die eigenartige Ausgestaltung der Kopfspitze bei madagassischen *Baumnattern* der Gattung Langaha (oben L. intermedia, unten L. alluaudi)

Die tropische Art Nyctibius griseus, die auf den Antillen lebt, zeigt uns die Variante des Baumbrüters (Abb. 64). Der Vogel, der durch seinen schwermütigen Gesang bekannt ist, kann im Wald nicht leicht gefunden werden. Erhöht er doch die Wirkung seiner Rindentracht durch eine Haltung des Erstarrens, die einen abgebrochenen Ast vortäuscht. Unser Bild zeigt diese Nachtschwalbe in ahnungsloser, uncryptischer Haltung des nachts, vom Blitzlicht überrascht. Trotz Rindenfarbe ist sie durch die symmetrische Lage der Federbinden und des gesamten Musters, auch durch das große Auge, klar abgehoben. Aber so würde sich Nyctibius am Tage nie darbieten. Im Licht nimmt er stets die Starre-Stellung ein, der Mundspalt tritt in die Richtung der Rindenrisse; auch der Lidspalt wird zu einer kleinen Rindenkerbe, Flügel und Schwanz richten sich in die Astlage aus: der ganze Vogel wird ein Glied des Baumes, auf dem er sitzt. Auch beim Brüten behält er diese Lage bei.

Die Ast- und Rindentracht kann auch auf den hilfloseren Jugendzustand beschränkt sein. Südasiatische Segler wie der Klecho

(Hemiprocne longipennis) sind als Erwachsene kraftvolle Flieger
ohne jede Schutzfärbung. Ihre Jungen wachsen in gefährlich
kleinen Nestchen auf (36 auf 22 mm!), die an Äste angeklebt sind
und gerade das eine Ei enthalten können. Das Junge entgeht der

Abb. 63. Ein *Froschmaul* (Batrachostomus auritus) aus Sumatra. Neben den
formauflösenden Mustern kommt den weißen Lockenfedern besondere somatolytische Wirkung zu, wenn der Vogel in seiner natürlichen Umgebung ruht

Verfolgung durch ausgesprochene Rindenfarbe und durch eine
Haltung, die dem vorhin erwähnten Benehmen der Nachtschwalbe
völlig entspricht. Das Rindenkleid geht nachher bei der ersten
Mauser verloren.

Auch das Flechtenmuster, das in so reichen Spielarten an Baum-
rinden wie auf Felsen und Mauern auftritt, wird in manchen Tar-
nungsverfahren nachgeahmt. Falter und ihre Raupen, Käfer und
Geradflügler, Spinnen, aber auch Geckos, Baumfrösche können

Flechtentracht tragen und so in dieser Umgebung einen besonders hohen Schutz genießen. Vielen Vögeln gelingt ausgezeichnete Tarnung der Nester durch Verwendung von Flechten (Abb. 65). Das Bild des Rüsselkäfers Lithinus nigrocristatus (Madagaskar) soll nur einen besonders drastischen Fall vor Augen stellen (Abb. 66). Rinden- und Flechtenmuster, vereint mit dem Nachahmen von Abbruchstellen an Zweigen, stellen eine sehr wirk-

Abb. 64. Eine *Nachtschwalbe* (Nyctibius griseus) der Antillen; links in Brutstellung am Tage, als Ast sich tarnend; rechts in normaler Ruhestellung nachts (nach Photographien)

same Kombination vor, die der Mondfalter (Phalera bucephala) in unsern Bildern vertritt (Abb. 67). Die madagassische Wanze Flatoides dealbatus bringt diese Rinden-Flechtenkombination zu einer besonderen Vollendung (Abb. 68). Es sind ihre sehr verbreiterten flachen Flügeldecken, die das Muster tragen — eine Zeichnung, die eine ungewöhnliche individuelle Spielweite der Ausführung zeigt.

Durch Zweigähnlichkeit sind die Raupen mancher Falter berühmt geworden. Gelingt ihnen doch das Nachformen eines abstehenden Ästchens, indem sie, steif in bestimmtem Winkel aufgerichtet, sich mit den Haftorganen des Abdomenendes anzuklammern vermögen — wobei starre Körperhaltung und extrem verbergende Färbung Voraussetzung für das Gelingen der Täu-

schung ist. Die Umgestaltung für solche Tarnung geht sehr weit:
die Zahl der Klammerfüße ist reduziert, nur zwei Paare sind am

Abb. 65   Abb. 66

Abb. 65. Das Nest der *Schwanzmeise* (Aegithalos caudatus) ist durch Flechten
besonders gut getarnt (Phot. H. Traber)

Abb. 66. Ein *Rüsselkäfer* (Lithinus nigrocristatus), der auf Madagaskar lebt,
ist durch seine extreme Einpassung in Flechten berühmt geworden

Körperende ausgebildet — entsprechend wird die Kriechbewe-
gung zum „Spannen", das der Gruppe ja den Namen der Spanner,
der Geometriden, eingebracht hat (Abb. 29). Die cryptische Wirkung beruht hier, wo das Tier sich zuweilen voll abhebt von einem

hellen Hintergrund, auf dem Sehgesetz, das die Psychologen das
Gesetz des gemeinsamen „Schicksals" oder der Zusammengehörig-
keit getauft haben. Die Spannerraupen der Gattung Eupithecia
können eine Fülle von artgemäßen, erblich festgelegten Varianten

Abb. 67. Der *Mondfleck* (Phalera bucephala) ist durch sein somatolytisches
Muster in der Ruhestellung vortrefflich geschützt

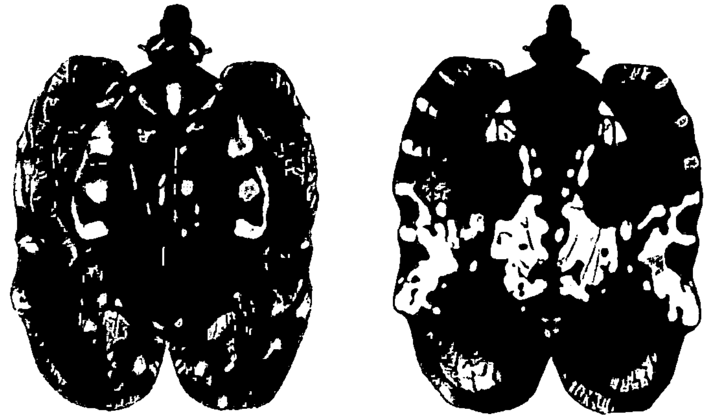

Abb. 68. Eine *Baumwanze* (Flatoides dealbatus) von Madagaskar zeigt neben
dem individuell sehr variablen Rinden-Flechtenmuster die zweite Rindenanpassung durch seitliche Abflachung und Aufhebung des Schlagschattens

dieses Verhaltens zeigen, von denen unsere Bilder nur wenige
herausheben. In vielen Fällen arbeitet das Muster der Raupe bei
diesen Verstellungskünsten sehr wirksam mit (Abb. 69).

Ähnlichkeit mit kleinen Ästchen wird aber auch auf ganz anderen Wegen erreicht (Abb. 70). Die Stabheuschrecke Parasosibia
parva z. B. ruht kopfabwärts an einem Ast und schmiegt ihre
Fühler und Vorderbeine eng an die Unterlage. Der ganze übrige

Körper, von der Brustmitte an, steht steif und gestreckt in einem spitzen Winkel in die Luft hinaus und wird so zum Seitenästchen. Der australische Geradflügler Zabrochilus australis aber tut ein Übriges: ihm ist eine besondere Gestaltung der Oberflügel eigen, die im spitzen Winkel vom Leibe aufragen und beim Anpressen des Insekts an einem Ast das Seitenzweiglein

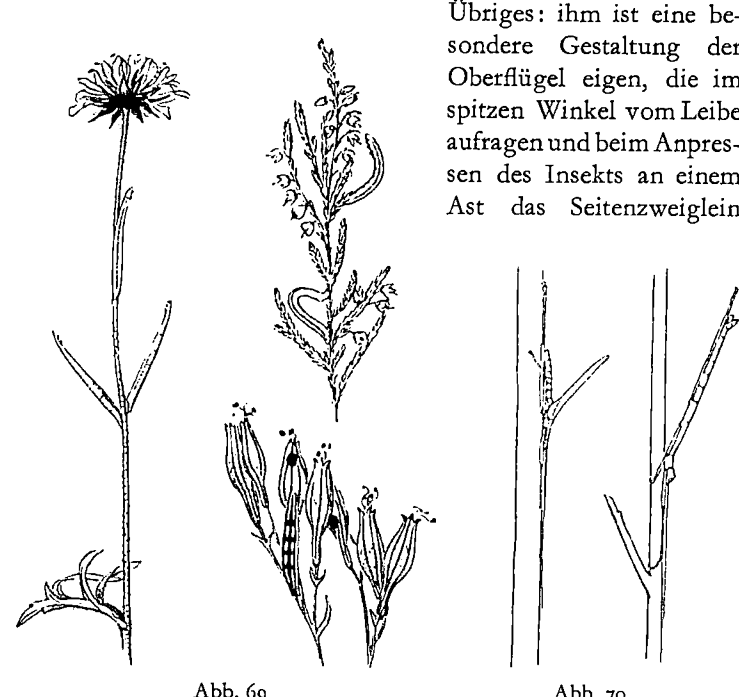

Abb. 69   Abb. 70

Abb. 69. Die Raupen der Spannergattung Eupithecia sind durch Haltung und Muster vielseitig an ihre Nährpflanzen angepaßt. Unser Bild zeigt E. scabiosata am Stengel einer Skabiose, E. nanata auf Heidekraut und E. schiefereri auf Leinkraut (nach DIETZE)

Abb. 70. Zweigmimese mit verschiedenen Mitteln: *Zabrochilus australis* (links) und *Parasosibia parva* (rechts)

mimen. Die ererbte Weise des Rastens „kopfunten" ist ein entscheidendes Glied dieser Nachahmung.

Die Formbildungen vieler Insekten, aber auch von Vögeln, können bei cryptischer Färbung und entsprechendem Verhalten Zweige, Dornen, Halme und andere pflanzliche Bildungen vortäuschen (Abb. 71, 72 u. 73).

55

c) Mimese durch auffällige Gestaltung

Wir bleiben allzuleicht in der Vorstellung befangen, daß nur gestaltauflösende Mittel, gemeinsam mit den Farben des Untergrundes, zur Tarnung verhelfen können. Zum gleichen Ziel führt aber auch eine Taktik des Verbergens durch auffällige Färbung, indem ein harmloses, aber lockendes und von den Opfern erstrebtes Objekt dargestellt wird.

Abb. 71. Der Netzflügler *Drepanopteryx pha-laenoides* unserer Wälder verschwindet durch seine cryptische Musterung und Flügelform in allerlei pflanzlicher Umgebung

Abb. 72. Die Federmotte (Orneodes) kann in sehr verschiedener Umgebung als Pflanzenteil wirken (Phot. D. WIDMER)

In der Gruppe der Gottesanbeterinnen (Mantidae) finden wir
diese Möglichkeit zu besonders raffinierten Täuschungen aus-
gebaut (Abb. 74). Manche Arten der Gattung Gongylus zeigen
ein äußerstes Extrem. Bei Weibchen von Gongylus
trachelophyllus Burm, einer südasiatischen Art, die
wie eine typische Mantis gebaut ist, finden wir die
gewöhnlich lange, schlanke Vorderbrust, den Protho-
rax, blattförmig erweitert, auf der Unterseite zart lavendel-violett gefärbt und am
Rande rosa getönt. Auch werden ornamen-
tale Flecken erwähnt, von denen freilich die
in Sammlungen konservierten Tiere nichts
zeigen. Ein brauner Fleck in der Mitte gibt
dem ganzen Farbkomplex noch auffälliger den Anblick einer Blume. Doch
diese Blütenfarben schmücken die Unterseite! Als Blume können sie deshalb
nur in einer besonderen Darbietung wirken. Diese wird denn auch vom Gongylus-Weibchen geleistet. Das Insekt
reckt seinen Vorderkörper hoch auf und
stellt mit zurückgeworfenem Kopf seine
farbige Brust-Unterseite ins hellste Licht.
Die Fangbeine bleiben dabei in der üblichen gefalteten Haltung, die zum Namen der Gottesanbeterin geführt hat.
Zuweilen wiegt das Tier den Vorder-
leib hin und her. Wie ein Falter seine

Sonnenstellung sucht, so stellt Gongylus seine Blumenbrust der Sonne entgegen, stets ins hellste Licht — der
ganze Rest des Tieres ist totem Laub
ähnlich mit somatolytisch wirksamen
braungrünen „Blattspreiten" an den

Abb. 73. Die Gestalt der
südostasiatischen *Gottesanbeterin* (Toxodera denticu-
lata) ist im Gegensatz zu
Gongylus und Idolum (S.
Abb. 74) ganz auf Rinden- u.
Zweigähnlichkeit angelegt.

Hinterfüßen. Schon die unreifen Stadien zeigen die Blütenfarben, doch erscheint der dunkle Mittelfleck erst nach der
6. Häutung in seiner zentralen Lage. Die ganze Erscheinung ist bei den Männchen nur sehr abgeschwächt vorhanden.

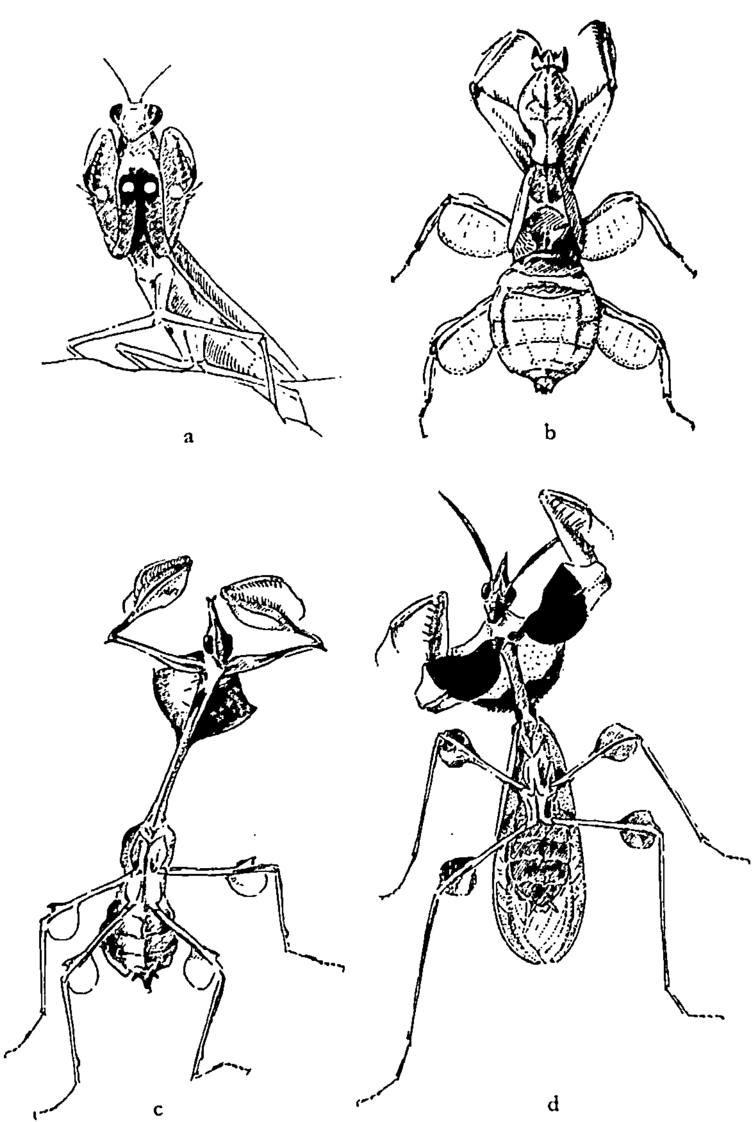

Abb. 74 a—d. Gestaltverwandlung von *Gottesanbeterinnen* (Mantidae). a Schreckstellung einer *Mantis* mit Darbietung der Augenflecke. b Jugendstadium von *Hymenopus coronatus* mit blumenblattartigen Verbreiterungen der Gliedmaßen. c *Gongylus trachelophyllus* aus Südostasien in Abwehrstellung. d *Idolum diabolicum* aus Ostafrika in Abwehrhaltung

Die blütenmimenden Weibchen fangen kleine Käfer und Falter ein.

Aber diese Blumenmimese zum Nahrungserwerb scheint nicht die einzige Funktion der auffälligen Färbung zu sein. Wird das Gongylus-Weibchen bedroht, z. B. indem wir unsern Finger nähern, so ändert das Insekt seine Haltung ganz plötzlich: Es richtet sich höher auf, die Fangbeine breiten sich aus, bis sie in der Ebene

Abb. 75. Die Larve von *Pseudocreobotra Wahlbergi*, einer afrikanischen Gottesanbeterin, ist ähnlich wie die Jugendform von Hymenopus gestaltet (Phot. H. R. HAEFELFINGER)

der Vorderbrust liegen (Abb. 74c). Derart zeigt es ihre leuchtend purpurne Unterseite mit auffälligen weißen oder bläulichen Scheiben. Das ist eine Drohstellung, die der Einschüchterung kleinerer Feinde dienen kann und in der auch andere Gottesanbeterinnen auffällige Augenflecke auf der Unterseite der Raubbeine zur Schau stellen (Abb. 74a).

Der Fall von Gongylus ist von großem Interesse; zeigt er uns doch, wie eng die Möglichkeit einer echten mimetischen Wirkung als Blumenfalle mit der ganz anderen einer Abwehrreaktion verbunden sein kann. Diese mögliche Doppelfunktion erschwert das Verständnis für manche ähnlichen Verhaltensweisen. Das Beispiel der afrikanischen Verwandten von Gongylus, von Idolum diabolicum, zeugt von diesen Schwierigkeiten der Beurteilung. Die Gestaltung ist ähnlich wie bei Gongylus, aber das auffällige Muster wird etwas anders komponiert (Abb. 74 d). Die Vorderbrust ist zwar auch flach verbreitert, blaßweißlich mit blaugrünem Rand. Die Hauptwirkung geht aber von den auffällig verbreiterten Hüftgliedern, den Coxae der Fangarme aus, deren Basis karminrot strahlt und die im oberen Teil weißlich sind. Ob dieses seltsame Insekt als eine teuflisch lockende Blume zu werten ist oder durch ihre befremdliche Gestalt abschreckt, muß durch genaue Versuche geklärt werden.

Hymenopus bicornis spielt uns als dritte Mantide eine andere Variante dieses Bildes vor (Abb. 74 b u. 75). Die unreifen Stadien dieser indomalaiischen Art, wenn sie die erste Häutung hinter sich haben, sind im Ganzen blaßrosa und zartweiß gefärbt und sitzen auf Blüten. Der Hinterleib wird nach oben gebogen und stellt den Augen seine blaßrosa gefärbte Unterseite zur Schau. Die Schenkel der zwei hinteren Beinpaare tragen blumenblattartige Verbreiterungen. Das ganze Tier zeigt die halbdurchsichtige lichte Farbe, wie sie auch Blumenblättern eigen ist.

Es handelt sich hier um eine Rückkehr zur normalen Tarnung, es wird nicht eine einzelne Blüte vorgetäuscht, sondern die auffälligen Blumen werden als Aufenthaltsort gewählt, wie es bei uns die Krabbenspinnen tun.

Die kleinen Larven von Hymenopus sind lebhaft rot und gleichen den frühen Larven von Raubwanzen. Erst nach einer Häutung erwerben sie die Blütentracht, deren Farbe sich nach der Umgebung richtet, auf die sie geraten: mehr weiß oder mehr rosa. Die erwachsene geflügelte Hymenopus aber soll auf besondere Art wieder Blumen mimen, doch liegen mir

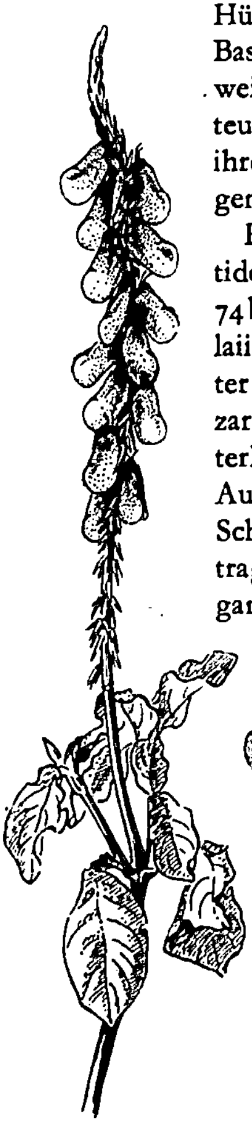

Abb. 76. Ein afrikanischer Schmetterling (Ityraea gregoryi) bildet eigentliche „Blütenstände" (nach einem Aquarell von Joy ADAMSON)

60

darüber keine verläßlichen Berichte vor. Die Nymphen sind gute
Springer; sie unterbrechen ihr lauerndes Blumenspielen durch
behenden Ortswechsel. Die bedeutsamste nachahmende Phase ist
diesmal die länger dauernde Larvenperiode.

Eine lieblichere Variante der Blumenähnlichkeit mag als Grenz-
fall noch erwähnt werden. Es ist die Gattung Hetaera, deren
Art Hetaera esmeralda in jüngster Zeit eine gewisse literarische
Berühmtheit erlangte. Hat doch Thomas Mann den Namen dieses
Falters des Amazonasgebietes zum Leitmotiv seines „Doktor
Faustus" gemacht. Hetaera hat glashelle Flügel mit rosa Flecken
auf dem hinteren Paar. Wenn der Falter am Boden des Urwalds
fliegt, so bleiben die völlig durchsichtigen Flugorgane unsichtbar,
und nur kleine rosafarbene Blütenblätter scheinen da zu Boden
zu gleiten. Die Nachahmung von Blüten führt bei den afrikanischen Schmetterlingen der Gattung Ityraea zu einer besonderen
„auffälligen Tarnung": in Gruppen sitzen diese Falter auf Pflan-
zenstengeln und erzeugen so den Anblick eines Blütenstandes
(Abb. 76).

Eine seltsame Tarnung durch Auffallen führt uns die an cryptischen Erscheinungen so reiche Raupenzeit der Schmetterlinge
vor. Besonders spannende Beispiele hat MILES MOSS (1920) bei
südamerikanischen Raupen gefunden. Schlangenartige, auffällige
Gestalt ist schon von BATES, dem erfahrenen Beobachter, in Süd-
amerika gesehen worden.

Raupen der Schwärmergattungen sind in der Ruhestellung ausgezeichnet getarnt als rindenfarbene Astformen oder Holzstück-
chen. Doch ist neben passiver Tarnung auch noch eine andere,
aktivere vorgesehen (Abb. 77). Plötzlich richtet sich der Körper
auf und windet sich schlangengleich. Die Fixpunkte am Körperende halten das Tier fest, die Unterseite richtet sich nach oben,
ein dunkles Bauchband mimt jetzt einen dunklen Schlangen-
rücken, der schon im Ruhezustand aufgetriebene Thorax zusammen mit dem ersten Hinterleibsegment bläht sich mächtig und
auf dem letzteren erscheinen plötzlich zwei Augenflecke. „Oben",
in der Mitte des Schlangenkopfes liegen, dicht angelegt, die drei
Beinpaare. Der Kopf wiegt hin und her, bis sich die Raupe
beruhigt und wieder in die Holznachahmung zurücksinkt. Der
hohe Organisationsgrad, der nötig ist, um die Drehung und die

Blähung am Vorderende zu leisten, macht das ganze Verhalten noch interessanter. Bei einer afrikanischen Art soll das erste Raupenbeinpaar, das rosa gefärbt ist, mitbenützt werden: es wird von Zeit zu Zeit ausgestreckt und mimt das Züngeln der Schlange. Diese Feststellungen guter Beobachter sind noch immer recht vereinzelt, und die seltsamen Erscheinungen warten noch auf eine vertiefte Untersuchung. Da ist Arbeit für viele, die helfen wollen.

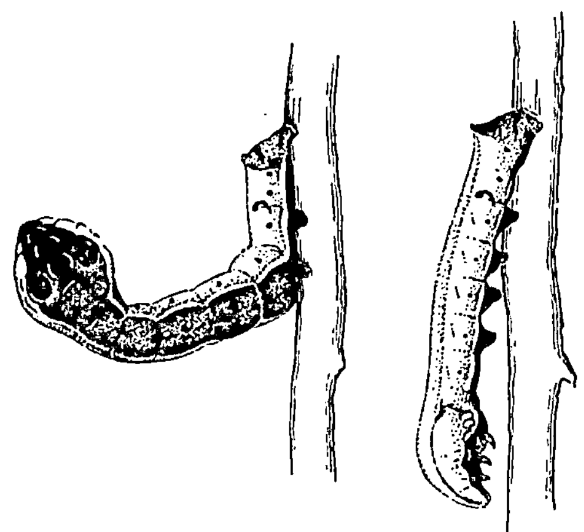

Abb. 77. Raupe des südamerikanischen Schwärmers *Leucorhampha triptolemos;* rechts in hängender Ruhehaltung, links wendet das Tier in Erregung und Abwehr dem Beschauer die Unterseite zu und wird für einige Sekunden völlig raupenunähnlich. Das dunkle Bauchband kommt zur Geltung, die Thoraxsegmente werden gebläht (nach MILES MOSS)

Besonders oft kommt das Entfalten großer Augenflecke vor, deren plötzliches Auftreten einen Angreifer zuweilen wohl zu verblüffen vermag (Abb. 78, 79). Auch in unserem einheimischen Tierleben ist dieses Verfahren bei der Raupe des Weinschwärmers (Chaerocampa elpenor) zu finden, die auf Weidenröschen lebt.

Zuweilen dient die auffällige Gestaltung eines kleineren Körperteils als Mittel, um einem Opfer selbst eine lockende Beute vorzuspielen, es so zu bannen und leichter zu überwältigen. Bei jungen Individuen der Vipergattung Agkistrodon dient die lebhafte Schwanzfärbung zusammen mit wurmartigen Krümmungen dieses gefärbten Endes direkt zum Anlocken von Fröschen und

Eidechsen, die so der Schlange zum Opfer fallen. Andererseits beobachten wir, daß getarnte Krabben in ihrem Gebüsch von Algen, Schwämmen usw. (S. 37) ihre Scherenenden nicht mit Fremdkörpern bedecken. Ja, diese sind zuweilen (so bei Hyas coarctata) auffällig weiß und rot gefärbt und ihre Bewegung lockt Fische heran, die den Farbfleck als willkommene Beute ansehen. Sobald ein kleiner Fisch im Bereich der getarnten Beine ist, schlägt die Falle zu. Im Aquarium ist eine solche Hyas beim

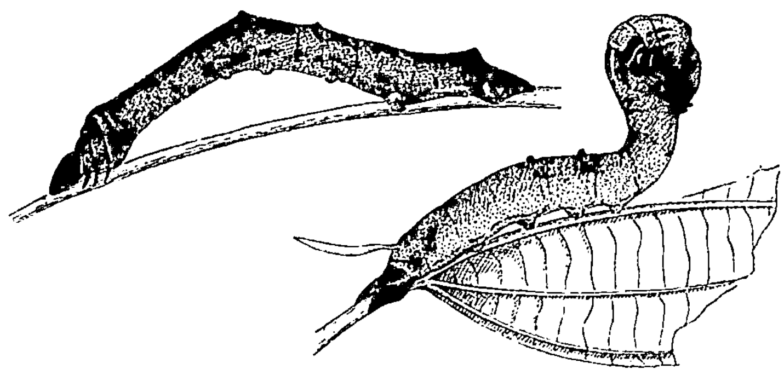

Abb. 78. Auch die amerikanische Raupe von *Madoryx pluto*, einem Schwärmer, kann sich aus völlig cryptischer Haltung (links) in ein befremdliches, anderes Wesen verwandeln und so Angreifer verblüffen. Dies geschieht durch Ausdehnung der Rückenseite der Brustsegmente und Sichtbarmachen lebhafter augenartiger Muster (nach MILES MOSS)

Fang von 14 kleinen Fischlein der Gattung Gobius in einer Woche beobachtet worden.

Ablenkung eines feindlichen Blickes auf relativ harmlose Körperstellen ist eine andere Wirkung derselben Kombination. Der Schwanz mancher Eidechsen ist leicht zu ersetzen und wird durch präformierte Stellen der „Autotomie", der Selbstverstümmelung, sehr leicht abgeworfen. So kommt es, daß manche Räuber sich recht ausgiebig von Eidechsenschwänzen ernähren, was für die Art immerhin vorteilhafter ist, als wenn der Tribut das ganze Tier forderte. Einzelne Formen erleichtern diese Tributleistung durch Hervorheben des Schwanzes, der lebhafter gefärbt und gemustert ist. So kann der Körperanhang in leuchtendem Blau erstrahlen, bei dunklerer, mehr cryptischer Musterung des übrigen Körpers. Bei Jungtieren ist dieser Unterschied zuweilen besonders groß.

Das Schwanzende kann so durch Lenkung des Blickes die Tarnung des übrigen Körpers stützen.

Eine Beobachtung von H. HEDIGER (1934) ist in diesem Zusammenhang bedeutsam. Er schildert eine Eidechse (Emoia werneri) der Inseln Neu-Britanniens, wo sie in der Brettwurzelzone

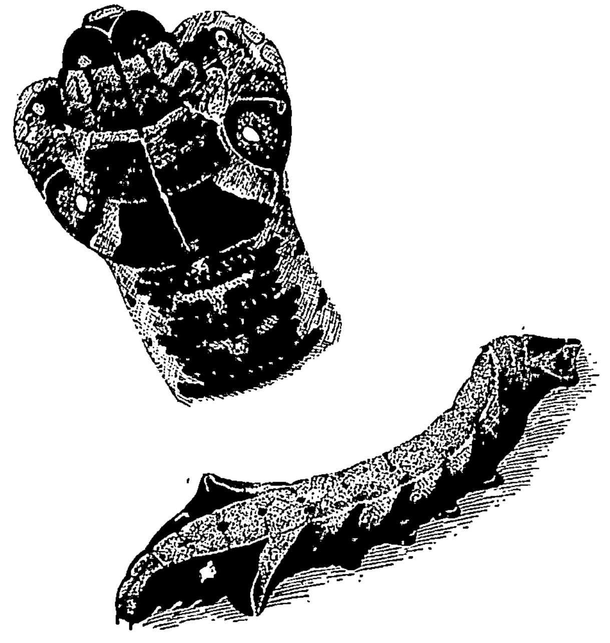

Abb. 79. Plötzliche Verbreiterung des Vorderendes zum Zeigen auffälliger Muster, z. B. von Augenflecken, ist bei großen Raupen recht oft zu finden. Oben: die Raupe des amerikanischen Schwärmers *Sphecodina abboti* (nach einer Photographie). Unten: die Raupe des südamerikanischen Schwärmers *Oryba acheminedes* (nach MILES MOSS)

der Urwaldbäume lebt. „Das auffälligste an Bewegungen bei dieser kleinen Eidechse ist zweifellos das sozusagen ununterbrochene Hin- und Herzucken des Schwanzes, das hier gegenüber Emoia cyanurum noch in gesteigertem Maße zu beobachten ist. Besonders eindrucksvoll ist diese merkwürdige Geißelbewegung an lebhaft gefärbten Exemplaren, wo der Schwanz eine glänzend blausilberne Färbung aufweist, wenn man aus der blendenden

64

Lichtfülle des offenen Geländes in den schattendunklen Urwald eintritt und dann nur die Silbergeißeln über den Brettwurzeln hin und herzucken sieht, ohne die dazugehörenden dunkleren Eidechsenkörper. Derartige Schwanzbewegungen werden noch bei mehreren anderen Lacertilien mit fragilen Schwänzen beobachtet."

Eine ähnliche Wirkung erreicht eine kleine Steppeneidechse, die den Geckos nahesteht (Psilodactylus caudicinctus). Der Schwanz ist bei dieser Art sehr leicht zusammenziehbar und schwillt dabei so an, daß er recht eindrücklich Gestalt und Größe des Kopfes annimmt. Das Tier hat dann zwei gleichwertige Körperpole und kann so zum mindesten in vielen Fällen einen Angriff zum falschen, weniger wichtigen Körperteil lenken.

Dieses Prinzip der Ablenkung des feindlichen Blickes auf eine relativ belanglose Stelle des Körpers ist

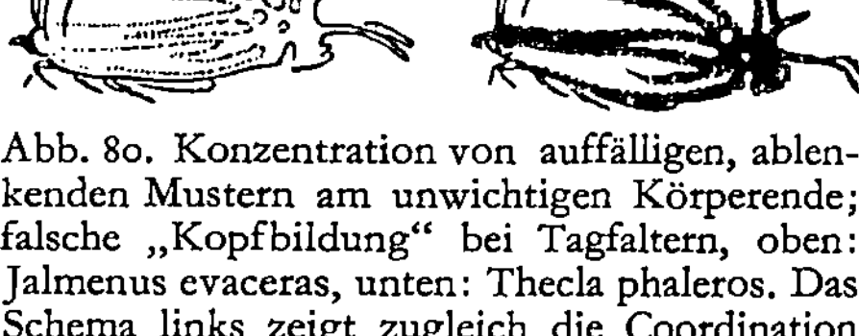

Abb. 80. Konzentration von auffälligen, ablenkenden Mustern am unwichtigen Körperende; falsche „Kopfbildung" bei Tagfaltern, oben: Jalmenus evaceras, unten: Thecla phaleros. Das Schema links zeigt zugleich die Coordination des Musters, das auf zwei Flügeln als Einheit aufgebaut wird (nach NICHOLSON und COTT)

bei einzelnen Schmetterlingen besonders extrem verwirklicht und führt zu einer eigentlichen zweiten Kopfbildung (Abb. 80). Am Ende des Hinterflügels liegt ein Augenfleck; nahe dabei formt das Flügelende einen sehr feinen dunklen Fortsatz, der fühlerartig wirkt und im Verband mit anderen Formakzenten einen „falschen Kopf" an einer relativ harmlosen Stelle schafft. Viele sorgfältige Untersuchungen von Entomologen bezeugen, daß solche Augen wirklich recht oft den Biß zupackender Vogelschnäbel an den unrichtigen Ort hinlenken, daß also die „Tarnung durch Ablenkung des Blickes" wirklich ihren erhaltenden Wert hat.

5. Mimikry

Unter all den vielen schützenden Ähnlichkeiten, die das eine Tier dem Gestein oder der Rinde, ein anderes einem Ästchen oder einem Blatte gleich ausbilden, ist keine so viel diskutiert worden, wie die Übereinstimmung in Form, Farbe und Verhalten, welche harmlose Insekten mit anderen, ungenießbaren oder wehrhaften Arten in eine besondere Beziehung bringt. Dies ist die Erscheinung, die früh schon *Mimikry* genannt worden ist. Dieser nach einem griechischen Stammwort geformte englische Ausdruck, der einfach Nachahmung bedeutet, ist auch in die deutsche Sprache übergegangen und hat eine Weile die verschiedensten Gestaltähnlichkeiten bezeichnet. Die Forscher sind aber allmählich einig geworden, den Ausdruck „Mimikry" auf die besondere Erscheinung einzuschränken, für die er einst geprägt worden ist. Darum belegt man ja die anderen Ähnlichkeiten mit dem Wort „Mimese", das wir bereits kennengelernt haben. Unter den Begriff der Tarnung fällt diese Erscheinung der Mimikry insofern, als auch hier auffällige Tiergestalten einem anschauenden Auge als etwas anderes erscheinen, als was sie wirklich sind.

Die Beispiele von Mimikry finden sich in allen Schulwerken; die Darstellungen der Abstammungslehre benützen sie als wichtiges Argument und viele Spezialwerke beschäftigen sich mit ihr.

Der englische Forscher HENRY WALTER BATES (1825—1892), der elf Jahre in den Urwäldern des Amazonasgebietes gelebt hat, war der erste, der die Tatsache der Mimikry in ihrer Eigenart hervorgehoben hat. Ihm fiel auf, daß unter Faltern, die man damals alle Heliconiden nannte (heute sind sie in drei nahe verwandte Familien gegliedert), auch Arten einer ganz verschiedenen Schmetterlingsgruppe flogen, die unseren Weißlingen nahestehen. Diese Fremdlinge, z. B. Arten der Gattung Reptalis, glichen den Heliconiden auffällig, ihren nächsten Verwandten, den Weißlingen, waren sie aber ganz unähnlich.

BATES hat beobachtet, daß die Heliconiden (Abb. 81) häufige, auffällig gefärbte und langsam fliegende Falter sind. Eigentlich hätten sie eine leichte Beute der vielen insektenjagenden Vögel sein müssen. Doch das war nicht der Fall, sie blieben verschont. Damals schon hat BATES vermutet, diese Falter seien durch irgendeine

66

Eigenheit ihrer Körpersäfte für Wirbeltiere ungenießbar oder
abstoßend — eine Deutung, die sich später bestätigt hat. Damit war auch der Vorteil gezeigt, der aus der Ähnlichkeit mit
solchen ungenießbaren Faltern sich ergab — auch genießbare
Schmetterlinge, die den Heliconiden gleichen, stehen unter dem
Schutz, den diese Tracht bietet.

Wenig später, 1864, erweitert ALFRED RUSSEL WALLACE, der
Vorkämpfer des Darwinismus in England, BATES' Ideen anläßlich
der Schilderung ähnlicher Fälle aus dem malaiischen Archipel,
den er·jahrelang erforscht
hat. Er stellt ebenfalls fest,
daß es sich bei den Nachgeahmten um auffällige,
häufige und langsam fliegende Falter handelt und
daß also der Schluß erlaubt sei, daß eine verborgene Eigenschaft, z. B. Ungenießbarkeit durch Ekelgeschmack, sie vor den
Insektenjägern schütze.

Abb. 81. Ein besonders oft nachgeahmter Faltertypus Südamerikas: Heliconius,
hier H. huebneri, sich sonnend (nach
Photographien)

Die Erscheinungen, die
BATES ursprünglich dargestellt und zu erklären versucht hat,
werden heute klar gesondert von ähnlichen Phänomenen und als
„Bates'sche Mimikry" bezeichnet. Tierarten, die wegen bestimmter
Eigenschaften von Verfolgern gemieden sind, werden in Tracht
und Gebaren von anderen nachgeahmt, denen die schützenden
Eigenschaften gänzlich abgehen. Das Vermeiden erfolgt nicht
etwa auf Grund von angeborenem Verhalten; es beruht auf
Erfahrung und kann die Folge von Ekelgeschmack oder Giftwirkung sein.

WALLACE hat bereits 1867 die Ansicht ausgesprochen, daß
manche grelle Färbungen eine Art „Warnung" bedeuten. Ist eine
Raupe oder ein erwachsenes Insekt einem Vogel durch Ekelgeschmack widerwärtig, so lernt er relativ leicht, gerade eine solche
auffällige Tracht mit dem Erlebnis des Ekels oder des Stachels zu
kombinieren und Träger dieser „Kleidung" zu meiden. Man hat
deshalb früh schon derartige Gestaltung „Warntracht" genannt.

5*

Unsere einheimischen Hornissenschwärmer (Abb. 82) bieten ein drastisches Beispiel. Es sind am Tage fliegende Verwandte von Nachtfaltern, die in ihrer Tracht sehr getreu Bienen, Wespen oder ähnliche Hautflügler nachahmen. Insektenjäger, welche durch Erfahrung gewitzigt, Wespen und ähnliche Stachelträger meiden, lassen sich durch die Wespentracht täuschen und verschonen recht oft auch die an sich ungefährlichen wespengestaltigen Schmetterlinge.

Um 1878 stellt der deutsche Forscher Fritz Müller eine neue wichtige Erwägung zur Diskussion. Müller, der 1852 aus poli-

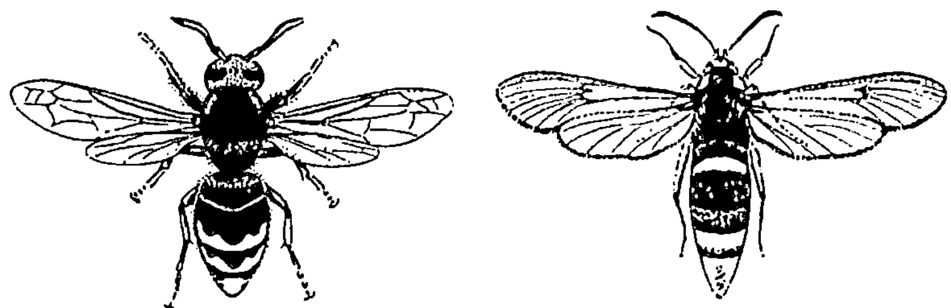

Abb. 82. Wespen als Modelle: Links eine echte Wespe, rechts ein glasflügliger Hornissenschwärmer von Wespengestalt und entsprechender Färbung

tischen Gründen Deutschland verlassen hatte, war nach seiner Niederlassung in Brasilien als hervorragender Beobachter tätig und von Darwin hochgeschätzt. Er macht darauf aufmerksam, daß die Insektenjäger durch Erfahrung lernen müssen, welche Beutetiere wegen Ekelgeschmack zu meiden sind. Dieses Erfahrungsammeln kostet deshalb immer auch einer beträchtlichen Zahl von „geschützten" Insekten das Leben. Dafür schützt aber die erworbene Erfahrung späterhin auch ganz andere, gleichgekleidete Insektenarten vor Angriffen.

Dieses Lernen der insektenjagenden Vögel, Reptilien, Libellen schafft also einen kollektiven Schutz für eine größere Gruppe gestaltlich ähnlicher und ähnlich gefärbter Formen. Es entsteht ein „Mimikryring". Manche Musterbildungen, wie etwa Wespenzeichnung aus gelb und schwarz sind so weit verbreitet, daß sie besonders günstige Voraussetzungen für die Entstehung solcher Schutzverbände bieten (Abb. 83). Diese Art der Warntrachtwirkung wird zuweilen als Müllersche Mimikry von der Batesschen abgesondert.

In unserer Heimat bietet die Raupe des Jakobskrautbärchens (Euchelia jacobaea), die auf dem Kreuzkraut (Senecio jacobaea) lebt, ein gutes Beispiel dafür, wie Mimikryringe sich auswirken (Abb. 84). Diese auffällige, gelb- und schwarzgeringelte Raupe wird von insektenfressenden Vögeln schon auf Grund weniger Erfahrungen abgelehnt. Sie verdankt diese relative Sicherheit einer chemischen Eigenart ihrer Haut, die sie für die Jäger widrig macht. Dasselbe gilt für die Wespen; nur ist bei diesen (abgesehen von der Stachelwirkung) der Geschmack der Eingeweide, nicht die Haut, ekelerregend. Die beiden für den Durchschnittsgeschmack der Vögel widrigen Bissen werden auf Grund weniger Erfahrungen gemieden. Es wird also Jahr für Jahr ein geringer Tribut zum Anlernen der Feinde geopfert, eine Steuer entrichtet, welche dann infolge der auffälligen gelbschwarzen Färbung rasch zur Vermeidung führt. Ein weniger prägnantes Farbmuster würde sich nicht so schnell dem Gedächtnis der Vögel einprägen. Mag nun die Wespe oder die Euchelia-

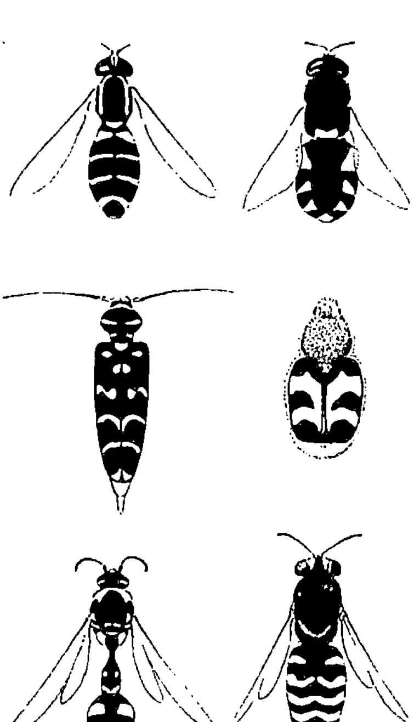

Abb. 83. *Wespentracht* ist ein häufiges, einfaches Muster bei Insekten; sie kann der Körpergliederung, vor allem der des Hinterleibs entsprechen, aber auch als rhythmische Gliederung einheitlicher Flächen, z. B. von Deckflügeln auftreten. Oben: Schwebefliege (Syrphus), Waffenfliege (Stratiomys). Mitte: 2 Käfer (Plagionotus, Trichius). Unten: 2 Grabwespen (Eumenes, Bembex)

Raupe zuerst als widrig erlebt werden: stets werden nachher beide Schwarzgelben gemieden. Eine geringe Zahl von Erfahrungen, etwa 8—14, genügt bei Singvögeln. Der Tribut, der gleichsam zu Unterrichtszwecken von einer Tierart geleistet werden muß, ist umsomehr herabgesetzt, je größer die Zahl der Partner am Mimikryring ist.

Bei Euchelia spielt noch ein weiterer Umstand mit. Die lebhaft gemusterte Raupe ist in den gelben Blütenständen des Kreuzkrautes geschützt: ihre Auffälligkeit wirkt dort cryptisch. So entgeht ein Teil der Raupen dem Untergang durch die aposematische Tracht, ein anderer durch die zuweilen cryptische Wirkung des Musters. Im Mimikryring Vespa-Euchelia dürfte die Wespe einen etwas größeren Tribut zum Anlernen entrichten, als die zuweilen cryptische Raupe.

Im ersten Jahrzehnt der Entdeckung und Darstellung der Mimikry hat ROLAND TRIMEN (1869) gezeigt, wie verbreitet diese Erscheinung unter den afrikanischen Schmetterlingen ist. Er bestätigt zunächst BATES und WALLACE, weist aber zudem darauf hin, daß der „Schutz" für manche Falter zuweilen auch im Widerstande bestehen kann, den ihre robuste Flügeladerung dem Angreifer, besonders den Vögeln bietet.

Schmetterlinge, Käfer, Bienen und Wespen und Ameisen sind die wesentlichen Gestalten solcher Mimikrysysteme. Die Darstellung der großen Mimikryringe bei Schmetterlingen ist nur sinnvoll, wenn die Formen in Gestalt und Lebensart eingehend studiert werden können. Sie gehören auch so sehr zum eisernen Bestand der biologischen Lehrwerke, daß wir sie hier etwas vernachlässigen dürfen. Unser Rundgang gilt ja nicht dem Mimikryproblem im Besonderen, sondern einer viel allgemeineren Umschau, welche die Mittel der Tarnung in ihrer ganzen Vielfalt vor Augen führen möchte.

Trotz dieser Einschränkung verweilen wir einen Augenblick bei der Nachahmung der Ameisengestalt durch Vertreter ganz anderer Gruppen. Sie ist besonders interessant, weil hier nicht wie

Abb. 84. Die Raupe des *Jakobskraut-Bärchens* (Euchelia jacobaea) wird nach wenigen Erfahrungen von Vögeln gemieden. Die Warnfarbe hilft dabei wirksam mit. Dieselbe Färbung wirkt im voll entfalteten Blütenstand beim Blick von oben verbergend!

bei den Tagfaltern der Mimikryringe eine ohnehin sehr weitgehende Formähnlichkeit durch die Verwandtschaft gegeben sein

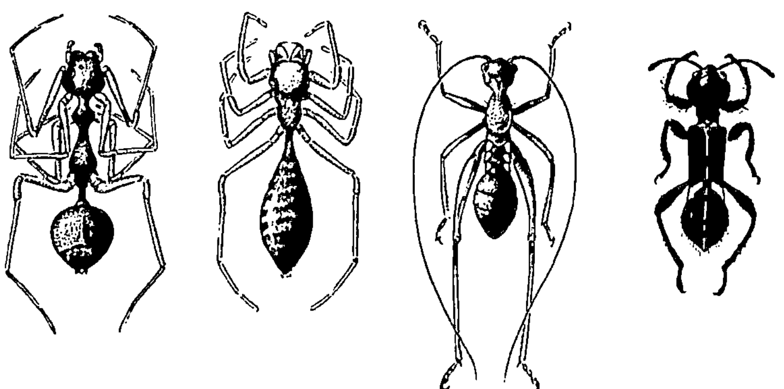

Abb. 85. *Ameisengestalt* bei verschiedenen Gruppen von Gliederfüßlern: von links nach rechts: Myrmecium (eine Spinne aus der Familie der Clubioniden); Myrmarachne (eine Springspinne); Myrmecophana (eine Heuschreckenlarve); Myrmecomaea (ein Käfer)

kann, sondern eine ungemein charakteristische Lebensform und Bewegungsweise imitiert werden muß. Wie die auffällige Dreigliederung des flügellosen Körpers mit dem gestielten Hinterleib von den verschiedensten Gliederfüßlern erreicht wird, ist allein schon ein spannendes Gestaltungsphänomen (Abb. 85).

So verwirklicht die junge Larve einer Heuschrecke (Myrmecophana fallax), die in früher Lebensphase unter Ameisen lebt, den Hinterleibsstiel, indem durch helle Seitenflecken die drei relativ breiten vordersten Abdominalsegmente für das Auge zu einem Stiel verengert werden.

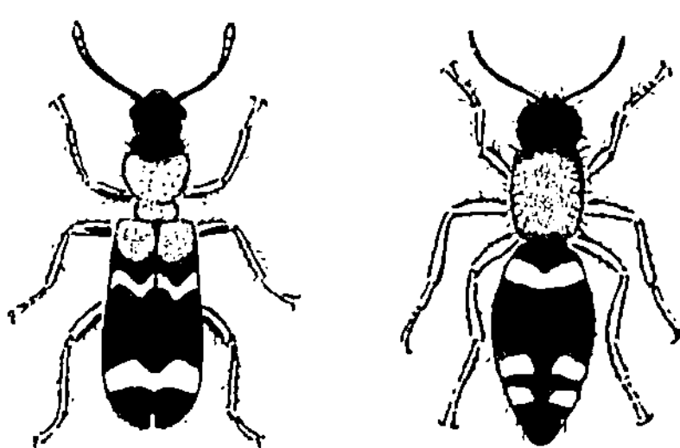

Abb. 86. Weitgehende Übereinstimmung eines Käfers der Gattung Clerus mit Mutilla, einer wehrhaften Bienenart.

Die erwachsene Form dieses Geradflüglers ist eine typisch gefärbte grüne Laubheuschrecke. Ähnliches erreicht die Käfergattung Myrmecomaea, indem zwei seitliche Schrägflecken auf den Flügeldecken den gestielten Hinterleib

vortäuschen helfen. Viele andere Käfergruppen formen Ameisen-
gestalten, ebenso Wanzenarten und Grillen. Aber das Seltsamste
stellen uns die Spinnen vor Augen, bei denen trotz ihrer vier Beinpaare in mehreren Gruppen völlig gesicherte Fälle von Ameisen-

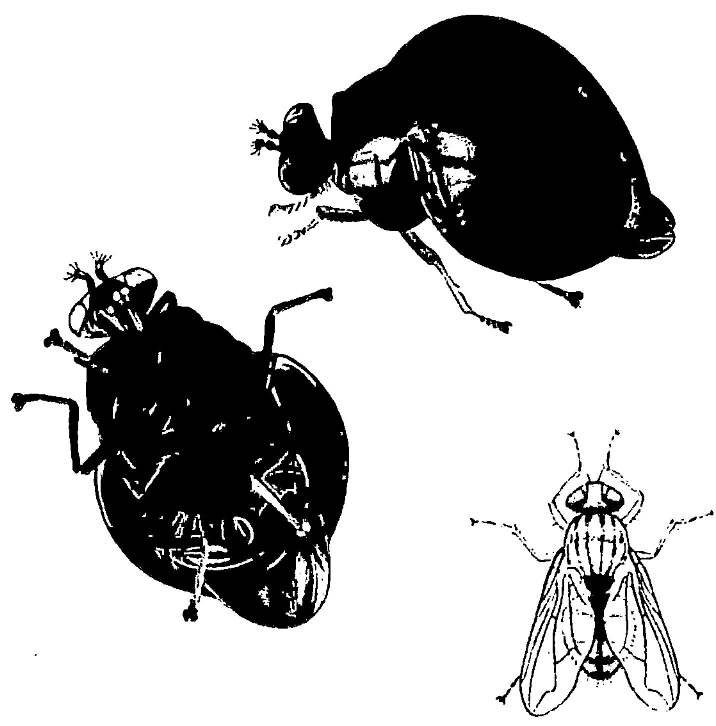

Abb. 87. *Käfererscheinung* bei tropischen Fliegen aus der Familie der Celyphiden. Die Käferflügel sind aus dem außerordentlich gedehnten Schildchen
geformt, das bei gewöhnlichen Fliegen winzig klein bleibt (der schwarze Fleck
im Schema rechts unten)

mimikry vorkommen. Da ist z. B. Myrmarachne, weltweit verbreitet, die statt auf allen vier Paaren nur auf dreien läuft, während
das vorderste, eng dem Kopf angelegt, die Rolle der Ameisen-
fühler spielt, indem diese Beine in dauernder, tastend suchender
Bewegung gehalten werden.

Da von der Ameisenmimikry die Rede ist, sei auch der Sonder-
gestalt einer Bienengruppe gedacht, deren flügellose Weibchen oft

mit Ameisen verwechselt werden; es sind die Mutilla-Arten,
selber stachelbewehrt und daher geeignet, durch ihre Tracht
harmlose Arten zu schützen (Abb. 86). Eine Käferart der Familie
der Cleriden ahmt eine weibliche Mutilla trefflich nach. Eine Spin-
nenart, die Ceylon bewohnt, ist dem wehrhaften Modell so ähnlich, daß nicht nur der menschliche Beobachter getäuscht wird,
sondern auch das Männchen von Mutilla: nach glaubwürdigen
Berichten ist ein solches Männchen im Moment gefangen worden,
als es versucht hat, die sein Weibchen imitierende Spinne zu be-
gatten.

Die Vorstellung von Mimikry ist im Rahmen der Abstammungs-
idee aufgekommen und gilt streng genommen nur dort, wo der
Nachweis geleistet ist, daß ein „Modell" von Feinden gemieden,
ein „Nachahmer" durch diese Tatsache geschützt ist. Die bloße
Gestaltähnlichkeit von Tieren aus verschiedenen Verwandtschafts-
kreisen ist noch nicht Mimikry. Solche „Konvergenz" der Gestalt, wie wir die letztere Tatsache nennen, kann zuweilen sehr
seltsame Übereinstimmungen bringen, über deren Bedeutung wir
oft gar nichts wissen. Als Beispiel mag die seltsame Verwandlung
der Fliegengestalt dienen, wie sie die tropische Gruppe der sog.
Celyphiden vor Augen führt (Abb. 87). Der hinterste Abschnitt
der Brust, das sog. Schildchen, gewöhnlich winzig klein, ist bei
dieser Familie zu einem großen, luftgefüllten Hohlraum gebläht,
der die Flügel ganz überdeckt. So entsteht eine Gestalt, die völlig
einem schillernden Käfer gleicht. Die eigentliche Mimikry ist ein
Ausschnitt aus dem viel weiteren Gebiet konvergenter Form- und
Musterbildung.

III. Die Farbe im Dienst der Tarnung

1. Die Farben

In der Gestaltung der vielerlei Organe des Verbergens und
Auffallens spielt die Färbung des Tieres eine wichtige Rolle; und
wenn wir sie am Anfang unseres Rundgangs vernachlässigt haben,
so müssen wir das jetzt nachholen. Das weiße Licht, wie es die
Sonne ausstrahlt, setzt sich aus einer großen Zahl von Lichtwellen verschiedener Länge, zusammen, die, wenn sie isoliert

werden, unserem Auge als Farbe erscheinen. Die Farben der
Naturdinge, auch der lebendigen Wesen, beruhen auf sehr verschiedenen Vorgängen, von denen wir hier nur die für die Tarnung wichtigen beachten.

1. **Chemische Farben.** Wenn weißes Licht auf einen Körper
fällt, so kann er einen Teil der Lichtwellen aufschlucken — was
er an Lichtwellen durchläßt, das ergibt die Farbe, in der er dem
Auge erscheint. Solche Farben nennen wir chemische Farbstoffe
oder *Pigmente*. Das rote Blut, das Blattgrün der Pflanzen sind von
dieser Art. Alle Farben des Regenbogens können durch verschiedenste chemische Vorgänge im Tierkörper entstehen und
auch die äußere Erscheinung mitbestimmen.

Schwarz ist immer ein richtiger Farbstoff, der auch in gelben,
braunen, grauen und rötlichen Varianten vorkommt. Die „Boden-
farben" sind wesentlich das Werk dieser weitverbreiteten Pigmente, die auch an der Bildung der Muster fast immer beteiligt
sind. Auch *Rot*, *Orange* und *Gelb* sind stets das Ergebnis von mole-
kularen Färbungsweisen, also echte Pigmente. Auch *Grün*, *Blau*
und *Violett* sind als echte Pigmente bei vielen Tieren vorhanden,
doch verdanken gerade diese Farben ihren Ursprung recht oft
ganz anderen Erscheinungen, die wir noch betrachten müssen.

2. **Strukturfarben.** Nimmt ein Körper aus weißem Licht keine
bestimmten Wellenlängen auf, und strahlt er dagegen alles Licht
nach den verschiedensten Richtungen zurück, dann entsteht für
das Auge des Beobachters der Eindruck „Weiß". Voraussetzung
für diese Erscheinung ist die Zusammensetzung des Körpers aus
Teilchen von sehr geringer Größe, wie etwa die Fettröpfchen der
Milch oder feinste Kristalle, die in großer Menge ungeordnet
gelagert sind. Darum erscheinen uns Schnee oder Milch weiß.
Im Pelz von Säugetieren, in den Federn von Vögeln, in weißen
Blüten ist eingeschlossene Luft die Ursache des Zurückstrahlens.
Wir sprechen von einer *Strukturfarbe*, weil sie auf der Größe und
Anordnung feinster Teilchen im Körper beruht.

Sind die Teilchen eines halbdurchsichtigen Körpers von ge-
ringerer Größe als die Weiß zurückstrahlenden Partikel, so bildet
er ein sog. „trübes Medium", und es kommt zu einer besonderen
Farberscheinung. Die langwelligen Strahlen, welche Rot und
Gelb erzeugen, werden von einem solchen Körper durchgelassen,

die kurzwelligen blauen Strahlen aber werden zurückgeworfen. Blicken wir durch ein solches trübes Medium auf die Lichtquelle hin, so erscheint sie infolge des durchtretenden Lichtes gelb bis rot, blicken wir dagegen in Richtung des einfallenden Lichtes auf denselben Körper, so strahlt er in blauer Farbe, und dieses Blau ist umso intensiver, je dunkler der Hintergrund ist. Solches Blau ist also auch eine Strukturfarbe. Aus diesem Grund ist die untergehende Sonne rot, und der Taghimmel, wenn wir uns von der Sonne wegwenden, blau. Manche der herrlichsten Blaufarben tierischer Gebilde, viele Vogelfedern, manche Insektenflügel sind das Ergebnis dieser Erscheinung. Ein Filter aus gelbem Pigment läßt als Mischung mit Strukturblau herrliche Grünfärbung erscheinen. Alle die intensiven Grüntöne der Vögel entstehen so. Filter von rotem Pigment bringen mit Strukturblau Violett hervor.

Die Einlagerung der farberzeugenden Strukturen ist sehr mannigfaltig: sie können in organische Absonderungen mit aufgenommen werden, z. B. in die Chitinhülle des Insekten-, Krebs- oder Spinnenkörpers oder in die Hornzellen der Haare oder Federn von Säugern und Vögeln. In diesen Fällen bleibt die Farbe nach dem Tod der Tiere erhalten. Unsere Museumssammlungen wären ohne diese Eigenart der Färbung nicht denkbar ! Die Farbelemente können aber auch in lebendige Zellen eingelagert werden, dann sind sie hinfällig wie diese. Wo besondere Zellen im Dienst der Färbung stehen, sprechen wir von Chromatophoren. Diese werden uns beim Farbwechsel in besonders wichtigen Rollen begegnen.

2. Stabile Körperfärbungen als Tarnung

Davon zu sprechen, daß die allgemeine Färbung ein Tier in seiner Umwelt wirksam verschwinden lassen kann, das ist ein recht überflüssiges Unterfangen. Eher müßte man darauf hinweisen, daß nicht alle Wald- und Wiesentiere grün sind, nicht alle Wüstentiere Sandfarbe tragen; daß in der Schneezone auch dunkle Gestalten ihr Wesen treiben. Trotzdem wollen wir einen raschen Blick auf diese Grundtatsachen tun, weil sich manche wichtige Klärung gerade durch das genauere Prüfen des scheinbar Selbstverständlichen gewinnen läßt.

Manchen Tiergruppen sind bestimmte Farbanpassungen durch die Besonderheit der Färbungsorgane verwehrt: so fehlt den Säugetieren die Tarnung durch Grün, die bei allen anderen Wirbeltieren, auch bei Insekten so wirksam ist. Grünlicher Anflug soll beim Zweizehenfaultier Süd- und Mittelamerikas auf dem Umweg eines Algenwuchses im Pelz älterer Tiere zustandekommen.

Zuweilen entsteht Tarnung durch die Farbe der Nahrung, so bei manchen Nacktschnecken, die auf Schwämmen leben oder

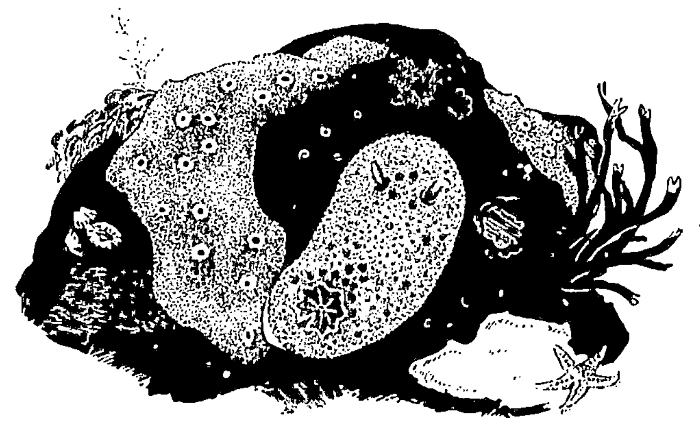

Abb. 88. Manche Arten der Gattung Doris (Meeresschnecken aus der Ordnung der Hinterkiemer) tragen die Farben der Schwämme, von denen sie sich nähren (alimentäre Homochromie)

in Algenbüschen. Manche Arten der Gattung Doris können je nach der Nahrung orangerot oder gelbbraun sein (Abb. 88). Hier scheint der Farbstoff des Schwammes in der Haut der Schnecke unverändert abgelagert zu werden. Bei durchsichtigen marinen Formen entsteht diese Färbung oft durch die Füllung des verzweigten Darmsystems mit gefärbter Nahrung: so bei manchen Strudelwürmern des Meeres.

Die vielen feineren Varianten der Färbung, die durch erbliche Veränderungen einer Grundfarbe entstehen, können zu sehr hoher Übereinstimmung von Tieren mit ihrer Umwelt führen. Die amerikanischen Biologen haben beim Studium der Verteilung einzelner Nagetiere festgestellt, daß die verschiedenen Bodenarten, die von hellem Sand bis zu sehr dunklen Lavatönen variieren, von entsprechend gefärbten Lokalrassen bewohnt sind.

76

Ziesel, Känguruhratten sind darunter. Die Kaktusmaus (Peromyscus), auch die Gattung Perognathus, unseren Hamstern verwandt, aber gestaltlich mausähnlicher, zeigen ganz besonders klare Übereinstimmung der Haarfarbe mit ihren Lebensräumen in Neu-Mexiko.

Dasselbe Bild zeigt eine Lerchenart, die in den Wüstengebieten Mesopotamiens lebt: Ammomanes deserti. Die Sandgebiete sind von ausgesprochen hellen, die relativ eng begrenzten dunklen Felszonen von einer besonders dunklen Variante bewohnt.

Wir wollen noch bei einem Fall verweilen, der in unsere menschliche Tarnungstechnik hineinspielt. Es handelt sich um den antarktischen Sturmvogel (Pachyptila desolata), der, bis zur Brust im Wasser, an der Oberfläche des Meeres mit ausgebreiteten Flügeln gleitet und mit den Füßen rudernd seine Nahrung in den Krebsscharen der Meeresoberfläche gewinnt. Diese Sturmvögel verschwinden an der Meeresfläche besonders rasch vor dem Auge der Beobachter; ihre Färbung stimmt in erstaunlichem Maße mit der vorherrschenden Meeresfarbe jener Breiten überein. Die amerikanische Marine hat bei Tarnungsversuchen im ersten Weltkrieg eine sorgfältige physikalische Studie von blaugrauen Farben unternommen, welche zum verbergenden Anstrich von Kriegsschiffen besonders geeignet wären. Das Ergebnis dieser Untersuchung, das „Omega-Grau“, zeigte in erstaunlicher Übereinstimmung in Wellenlänge, Sättigungsgrad, Reflexion usw. die Werte, die auch an der Rückenfläche des Sturmvogels gemessen wurden!

3. Tarnung durch Farbwechsel

Homochromie, das ist gleichsam ein Hintergrund, von dem sich die besonderen Einrichtungen der Tarnung als etwas Zusätzliches abheben. Vor diesem Hintergrund tritt auch die vielseitige Erscheinung des Farbwechsels in ihrer Eigenart und wechselnden Bedeutung hervor. Mit ihr müssen wir uns noch intensiver befassen, da gerade sie uns die Tiere in besonderer Tätigkeit, in komplizierten Verhaltensweisen und mit seltsamen Strukturen gerüstet zeigt.

a) Farbanpassung durch Haar- und Federwechsel

Wo ein jahreszeitlicher Wechsel der Tracht bei Säugern oder Vögeln eintritt, beruht er fast immer auf dem Abstoßen der alten Haare oder Federn und dem Neuaufbau dieser Hautstrukturen. Nur beim Weißwerden kann nach neueren Beobachtungen auch ein Farbverlust und Weißwirkung durch Lufteinlagerung (also ohne Haarwechsel) eintreten. So soll beim Alpenhasen der Wechsel im Herbst auf diesem Vorgang, der im Frühjahr eintretende aber auf Haarwechsel beruhen. Doch arbeitet dieser Betrieb mit sehr vielen feinen Varianten, und der Biologe steht jeweils am Ende langer Untersuchung vor einem sehr komplizierten Gesamtbild.

Der amerikanische Polarhase (Lepus arcticus) zeigt die Anpassung sehr klar. Die Unterart Lepus a. groenlandicus bleibt auf Ellesmere-Land (83⁰ n. B.) das ganze Jahr weiß, die Unterart canus der Hudsonbai wechselt die Tracht von Juni bis August. Unser europäischer Alpenhase (Lepus timidus) wechselt im Norden Skandinaviens und im schottischen Hochland die Farbe, in Irland, in Südschweden und den Färöern bleibt er das ganze Jahr über braun.

Welches sind die Faktoren, die solchen Farbwechsel auslösen oder verhindern? Es müssen doch wohl Wirkungen von der Umgebung ausgehen! Russische Experimente am sibirischen Schneehasen (Lepus timidus sibiricorum) deuten auf die Rolle der Tagesdauer hin. Eine Gruppe von 10 Hasen, die eben ihren Wechsel zum Winterkleid vollzogen hatten, wurde Ende November verschiedener Belichtung ausgesetzt. Die Kontrolltiere begannen Ende März — Anfang April mit dem Umschwung zur braunen Tracht; bei einer im völligen Dunkel gehaltenen Gruppe war dagegen das Winterkleid noch am 1. Juni intakt! Bei einer dritten Gruppe, die frühzeitig zunehmender Belichtung ausgesetzt war, setzte der Haarwechsel bereits im Januar ein. Auch beim Hermelin ist die Wirkung der Tagesdauer als auslösender Faktor nachgewiesen worden.

Der Farbwechsel des Polarfuchses bezeugt die Macht des Erbgutes. Eine Variante dieser Fuchsart (Alopex lagopus), der auf dem Pelzmarkt so geschätzte Blaufuchs, ist eine Variante, bei der durch erbliche Änderung der Farbwechsel ausfällt, die also das ganze Jahr über (auch in tiefem Schnee) den dunklen blaugrauen Pelz behält. Diese „Blauvariante" ist im Erbversuch dominant, setzt sich also gegenüber den Faktoren des Farbwechsels bei Kreuzungen durch! Aber diese Dominanz wird ausgeglichen, indem die Fruchtbarkeit beim Blaufuchs herabgesetzt ist. Immerhin machen in gewissen Regionen Ost-Grönlands die Blaufüchse etwa die Hälfte des gesamten Fuchsbestandes aus.

b) Farbanpassung durch spontanen Farbwechsel

Manche der auffälligsten und raschen Anpassungen an den Farbton der Umgebung werden durch komplizierte Apparaturen gesichert, die zur erblich gegebenen Ausrüstung der Art gehören. Der relativ rasche Farbwechsel von Fischen und Amphibien, manchen Reptilien, auch der vieler Krebse und Tintenfische ist

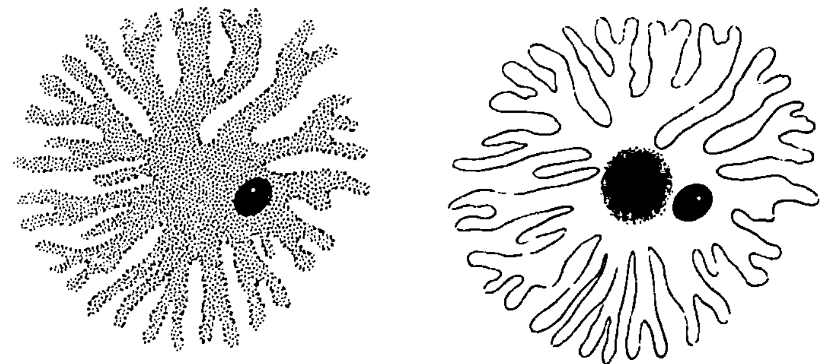

Abb. 89. Formbeständiger Chromatophor (Farbzelle) eines Fischs. Links der Farbstoff ausgebreitet, rechts ist er im Zellzentrum gehäuft. Der Kern ist schwarz hervorgehoben

von dieser Art. Wir wollen zuerst die Mittel und Wege untersuchen, um nachher die Leistungen solcher Verwandlungskünstler kennenzulernen.

Der Apparat, der den Wechsel der Tracht vollzieht, liegt in besonderen Zellen, den Chromatophoren, die entweder einzeln oder zu Gruppen vereint als chromatische Organe arbeiten. Wenn wir von den Tintenfischen absehen, so ist diese Zellart überall sehr ähnlich gebaut (Abb. 89): stark verästelte Zellen, in deren zentralem Plasma das Farbzentrum und der Zellkern liegen. Die

Verzweigungen sind konstant, aber die Lage des Farbstoffs wechselt. Erfüllt dieser alle Äste, so wirkt sich die Farbe in der Erscheinung aus (Expansionsphase); ist er im Zentrum geballt (Kontraktionsphase), so hellt dies den Tierkörper auf. Manche chromatischen Organe enthalten mehrere Farben, die sich auf verschiedene Reize hin ausbreiten oder konzentrieren. Auch in ein- und derselben Zelle können mehrere Pigmente am Werke sein, was auf eine komplizierte Struktur unterhalb der mikroskopischen Sichtbarkeit hinweist, z. B. auf vorgebildete intracelluläre Bahnen, in denen die Farbstoffe gesondert wandern.

Wie komplizierte Strukturen vielfach im Dienst der Erscheinung stehen, wollen wir uns an einem Beispiel einer Eidechse ansehen. Es handelt sich um die Struktur der Rückenhaut von Anolis carolinensis, welche die Amerikaner auch „Chamäleon" nennen.

Unter der Oberhaut, deren oberste verhornte Schicht von Zeit zu Zeit gehäutet wird, breitet sich eine dünne Lage von stark lichtbrechenden Öltröpfchen aus, die den Raum zwischen größeren Zellen mit gelbem Farbstoff ausfüllen (Abb. 90). Diese Öltröpfchen reichen bis an die Grundschicht der Oberhaut, ja zwischen deren Zellen hinein. In derselben Zone liegen auch große Einzelzellen mit gelbem Pigment. Darunter folgen mehrere Schichten von ziemlich massigen, blockartigen Zellen, die feinste Kristalle von Purinstoffen (vielleicht Guanin) enthalten. Diese Zellage ist für die Entstehung von Strukturblau verantwortlich, das sehr intensiv ist, das aber im anschauenden Auge durch das Gelbfilter unter der Oberhaut in ein leuchtendes Grün verwandelt wird. In der Tiefe dieser chromatischen Hautstruktur liegen die großen Schwarzzellen, die Melanophoren, welche feine Ausläufer bis an die Oberhaut hinaufsenden. In diesen Ausläufern werden die Melaninkörnchen hin und her bewegt, so daß die Grünwirkung entweder voll zur Geltung kommt (wenn das Schwarz sich in der Tiefe sammelt) oder zu Graugrün gedämpft werden kann (wenn Schwarzkörner die feinsten Ausläufer auffüllen). Der Farbwechsel unseres Laubfrosches beruht übrigens auf ähnlicher Anordnung der Hautorgane.

So ähnlich die Apparate sind, so verschieden sind die sie anregenden Strukturen, welche diese Farbwechselapparate mit der Außenwelt verbinden und so erst die Anpassung ermöglichen.

Das erste Glied ist das Sinnesorgan: meist sind es Augenreize, welche die Umstimmung vermitteln. Bringt man eine Scholle auf einen Untergrund, der scharf in zwei Farbfelder geteilt ist, so wird der ganze Körper an die Farbe angepaßt, welche von den Augen wahrgenommen werden kann. In einzelnen Fällen helfen aber zusätzliche Sinneseindrücke mit, etwa Tastreize, welche die

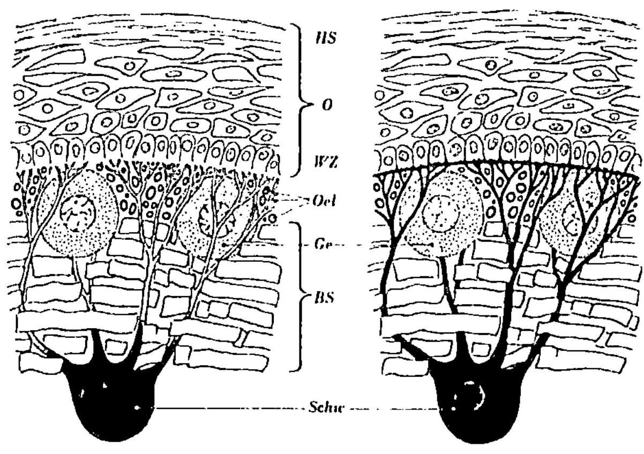

Abb. 90. Die Farborgane in der Haut des amerikanischen „Chamäleon" (Anolis carolinensis): links ist das schwarze Pigment (Melanin) zusammengeballt und läßt die anderen Farben wirken; rechts ist das Schwarz ausgebreitet und verdunkelt alle Farben. *BS* Schicht der Blaustruktur; *Ge* große Gelbzellen *HS* Hornschicht der Oberhaut; *O* Oberhaut (Epidermis); *Oel* Oelschicht als Gelbfilter; *Schw* große Schwarzzellen; *WZ* Wachstumszone der Oberhaut (nach von Geldern)

Antwort auf die optischen Reize beeinflussen können. Rauhe oder glatte Unterlage führt bei Laubfröschen zu leicht verschiedenen Farbanpassungen. Auf Quallen lebt ein kleiner Verwandter unserer Flohkrebse, Hyperia, der auf der Meduse hell durchsichtig bleibt, und so trefflich seinem pelagischen, lebenden Schiff angepaßt ist. Löst man den Krebs los oder schwimmt er frei herum, so breitet sich der Farbstoff seiner Chromatophoren völlig aus und das Tierchen ist jetzt rötlichbraun. Versuche machen es wahrscheinlich, daß neben den Augenreizen auch Tastreize der Beine die Entfärbung, also die Anpassung an das Reisen auf Quallen auslösen helfen.

Der Weg, auf dem die Befehle zu den Farbzellen gelangen, ist in den verschiedenen Tiergruppen verschieden. Die Chromatophoren können an das Nervensystem angeschlossen, also direkten Nervenreizen zugänglich sein. Doch kann der Farbwechsel auch durch Stoffe im Blut bewirkt werden. Diese werden in besonderen Drüsen erzeugt und direkt in die Blutbahnen abgesondert. Es sind die „Hormone", die im tierischen Körper eine wichtige Rolle spielen, in diesem Fall insbesondere dem Farbwechsel dienen.

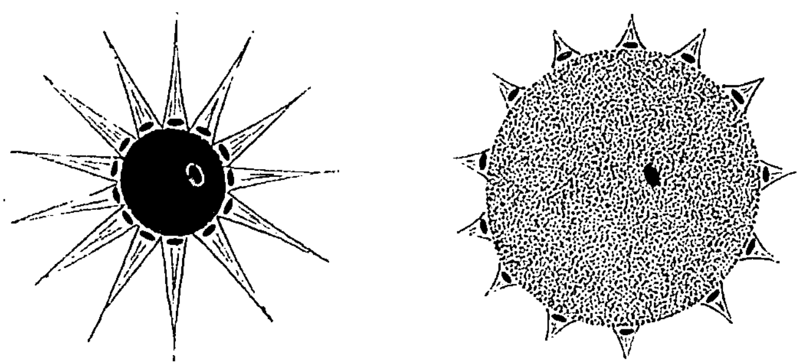

Abb. 91. Farborgane (Chromatophoren) der *Tintenfische*. Links: die elastische Farbzelle ist geballt, die radiär geordneten Muskelfasern sind untätig. Rechts: die Muskeln sind stark zusammengezogen und dehnen den Pigmentsack

Der raffinierteste Farbwechselapparat ist bei den Tintenfischen zu finden (Abb. 91). Es handelt sich um große Zellen, linsenartig flache, runde Säcke voll Farbe: gelb, rot, schwarz. Am Rand der flachen Linse setzen viele radiäre Muskelfasern an, sehr lang gestreckt und am äußersten Ende im Hautgewebe fixiert. Nahe an der Farbzelle liegen ihre Kerne. Diese kleinen vielzelligen Strahlengebilde liegen in großer Menge in der Haut bereit, mit feinen Nerven dem Zentralorgan unterstellt, in welchem mehrere besondere Zentren des Chromatophorendienstes nachgewiesen sind. Ziehen sich die Muskeln zusammen, so zerren sie gemeinsam die Farbfläche in die Breite; das Tier wird verfärbt; erschlaffen die radialen Muskeln, so kehrt die elastische Farblinse in die Ruhelage zurück: der Tierkörper hellt sich auf. Das Farbenspiel wird durch Flitterzellen unterstützt, die das Licht zurückwerfen und weiße oder perlmutterfarbene Muster ermöglichen. Hormonwirkungen spielen bei diesen Organen eine geringe Rolle.

Der Farbensinn ist bei den Kopffüßlern sehr ausgesprochen;
daher dient der Farbwechsel bei einzelnen Gruppen in manchen
Situationen auch der Tarnung — seine Hauptrolle liegt aber auf
der Kundgabe innerer Stimmungen und wechselnder Zustände,
etwa der Bereitschaft zur Fortpflanzung.

1. Spontaner Farbwechsel bei Krebsen. Die Durchsichtig-
keit vieler Krebsformen hat das Studium ihrer chromatischen

Abb. 92. *Garneele* (Leander serratus), als Vertreter einer Tiergruppe, die
besonders oft auf ihren Farbwechsel untersucht worden ist

Apparate sehr erleichtert, und die Rolle der Hormone als Helfer
bei den Veränderungen der Farbtracht hat eine intensive Durch-
forschung besonders der höheren Krebse mit sich gebracht.
Wohl zeigen auch einzelne Flohkrebse (Amphipoda) und Asseln
(Isopoda) Farbwechsel — die Isopoden besonders vielseitig —,
aber das Farbenspiel ist bei den höheren Krebsen (den Deca-
poden) viel auffälliger und mannigfaltiger. Kann doch ein einzelner Chromatophor hier zuweilen 4 verschiedene Pigmente
enthalten, die auf besondere Reize antworten. Wir wollen zunächst die Organisation kennen lernen, welche diesen Farbwechsel ermöglicht, und betrachten vor allem das. komplizierte
System bei Garneelen (Abb. 92). Die Farben sind mit einer Ausnahme in Chromatophoren lokalisiert, in denen sie sich recht

rasch ausbreiten können. Nur Blau macht eine Ausnahme, da es bei manchen Arten als Sekret von Farbzellen in die Körperflüssigkeit abgegeben werden kann.

Zwei verschiedene Einflüsse wirken auf die Chromatophoren der Krebse: Augenreize und direkter Lichteinfluß. Die Augen-

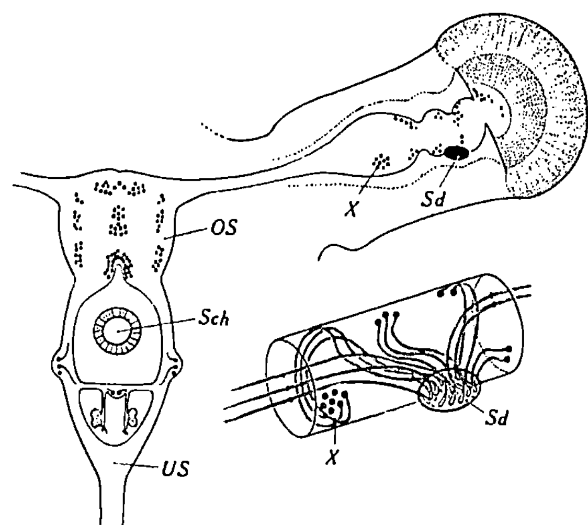

Abb. 93. Zentralnervensystem (Gehirn) und Augenstiel einer Garneele. Die Punkte zeigen schematisch die Lage von hormonbildenden Zellen an. Das Schema rechts unten zeigt, wie die Hormonzellen sich in der sogenannten „Sinusdrüse" sammeln, in der die Enden aller dieser Zellen vereint sind (kombiniert nach verschiedenen Autoren). *OS* Oberschlundganglion; *Sch* Schlund; *Sd* Sinusdrüse; *US* Unterschlundganglion; *X* „X-Organ", eine Stelle mit besonders vielen Hormonzellen

wirkung ist in der unteren und oberen Augenhälfte verschieden, wie das teilweise Verdecken der Facettenaugen im Experiment bezeugt. Voller Farbwechsel wird nur von der dem Boden zugewandten Augenhälfte bewirkt — während Reizung der oberen Hälfte bloß die Ausbreitung des dunklen Pigmentes bestehen läßt. Schaltet man die Wirkung der Augen und der Augenstiele (die ja bei diesen Krebsen sehr auffällig sind) aus, so können trotzdem Lichtreize auf einzelne Chromatophorensysteme unmittelbar einwirken. Dieser Umstand ist für das Verständnis des Farbwechsels besonders wichtig.

84

Wie wirken aber die Augen auf die Chromatophoren? Es ist schon seit einigen Jahrzehnten bekannt und immer wieder bestätigt worden, daß die Farbzellen der Krebse jeder Nervenversorgung entbehren. Sie können also nur auf dem Weg über den Blutkreislauf durch Hormone erregt werden. Es gelang G. Koller um 1925 der Nachweis, daß von den Augenstielen aufhellende Wirkungen ausgehen.

Diese Entdeckung hat zu einer gründlichen Prüfung des ganzen Augenstiels geführt. (Abb. 93). In diesem Organ liegen die komplizierten nervösen Zentren des optischen Sinnes, die eigentlich zum Gehirn gehören. Daneben fand man aber zwei Gebilde, für die sich die Namen Sinusdrüse und X-Organ eingebürgert haben. Daß diese Organe mit dem Farbwechsel zu tun haben, ist heute sicher. Es lag nahe, die sogenannte „Sinusdrüse", deren Stoff besonders wirksam ist, als eine Hormondrüse anzusehen. Doch sieht diese Deutung, wie wir jetzt wissen, den ganzen Vorgang zu einfach. Die genaue Prüfung zeigt, daß sowohl in den optischen Nervenzentren wie auch im zentraler gelegenen Nervenring, der den Schlund umgibt, die eigentlichen hormonbildenden Zellen liegen. Von diesen wandern die Hormone auf langen Zellausläufern zu der großen Sinusdrüse, die wahrscheinlich gar keine eigentliche Drüse ist, sondern eine aus den Enden zuleitender Zellfortsätze aufgebaute Sammelstelle, von der die Ausschüttung der Hormone ins Blut geregelt wird. Es sind heute bei Krebsen Hormone bekannt, die auf den hellen Farbstoff wirken, andere, die auf Schwarzpigment und wieder andere, die auf die rote Farbe abgestimmt sind. Doch müssen noch mehr solcher Stoffe am Werke sein.

Nicht aller Farbwechsel bei Krebsen dient der Anpassung an den Untergrund. Der Fall der Winkerkrabben (Uca), die an den Sand- und Schlammküsten warmer Meere leben, möge dies illustrieren. Während Augenstielextrakte eine Garneele aufhellen, verdunkeln sie das Kleid einer Winkerkrabbe (Abb. 94). Bei Verlust der Augenstiele werden darum Garneelen dunkel, Winkerkrabben aber hellen sich auf. Und doch sind die Hormone des Augenstiels in beiden Fällen gleich: der Extrakt von Uca-Augenstielen wirkt auch in einer Garneele völlig „normal" aufhellend. Die Antwort muß also durch unbekannte Strukturunterschiede in den

Chromatophoren vorgebildet sein. Das führt uns zu einem weiteren Gegensatz: der Farbwechsel der Winkerkrabben ist ein Sozialphänomen; er steht im Dienst der Kundgabe von Stimmungswechsel, mit Tarnung hat er gar nichts zu tun. Dagegen sind die Verfärbungen der Garneelen und ihrer Verwandten aktive Anpassungen an die verschiedene Umgebung, in welche diese Arten geraten können.

Ein Beispiel wollen wir etwas eingehender ansehen, um die Leistungen des chromatischen Tarnungssystems kennen zu

Abb. 94. *Winkerkrabbe* (Uca) vom tropischen Sandstrand, ein Krebs, dessen Farbwechsel keine Anpassung an die Umgebung hervorbringt, sondern Ausdrucksorgan ist (nach CRANE)

lernen: das von Hippolyte, einer kleinen Garneele, die in den Algen- und Seegraszonen der Meeresküste lebt. Ihre früheste Jugend verbringt sie wie viele ihrer Verwandtschaft auf hoher See, glashell durchsichtig. Erst später wird sie in der Uferzone seßhaft. Diese Garneelen, die seit mehr als einem halben Jahrhundert untersucht worden sind, zeigen einen deutlichen Tag-Nacht-Rhythmus; sie werden nachts bläulich transparent, indem alle Pigmente zusammengeballt sind und bläulicher Farbstoff in die Gewebe einströmt.

Am Tage aber ist Hippolyte dem Untergrund in einer Weise angepaßt, die nur von wenigen Meistern der Tarnung erreicht oder übertroffen wird: grün auf den saftig grünen Seegrasblättern, violett auf den mit Kalkalgenflecken übersäten Blattspreiten, braun, rötlich, orange, blaugrün, je nach dem Untergrund. Auf Haarsternen (Antedon) kann die Farbe lebhaft orange, rotweiß oder rotviolett sein. Erstaunlich ist die Tarnwirkung auf den Blättern des Seegrases, wo undurchsichtige, rosa bis violett gefärbte Melobesia-Algen in feinen Krusten das Farbbild bestimmen (Abb. 95). Die undurchsichtigen weißen und roten Pigmente der Hippolyte-Chromatophoren formen solche Melobesiaflecken in höchster Vollendung nach. Ein Teil der Farbzellen kann außerdem undurchsichtige Längsbänder bilden, welche in hohem Grad somatolytisch wirken, da sie zum durchsichtigen Leib des Krebses in wirksamstem Gegensatz stehen und ebenso als Fremdsubstanz wirken, wie die vielen Siedler mit ihren Kalkskeletten auf den schlanken grünen Blättern. Ganz besonders wirksam ist die Farbanpassung an den flachen Antennenlamellen und denen des Schwanzfächers; an beiden Stellen geht auch die Pigmentwanderung sehr schnell vor sich.

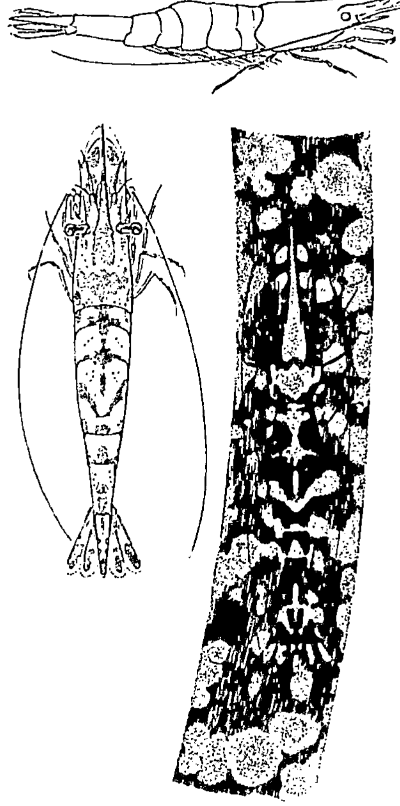

Abb. 95. Farbanpassung einer *Garnee e (Hippolyte prideauxiana)* an Seegrasblättern des Mittelmeeres, die mit Melobesia-Kalkalgen bewachsen sind. Oben: Hippolyte seitlich; unten: das regelmäßige Färbungsbild der isolierten Garneele verschwindet auf dem Blatt von Posidonia

Der Farbwechsel geschieht bei den jüngeren Tieren bis zu 20 mm Länge besonders rasch. Die Umfärbung kann in 10 min. vollzogen sein. Ältere Stadien sind träger und brauchen 24 bis

48 Stunden, und noch später können sie oft erst nach einer Häutung das Kleid umstimmen. Damit hängt es auch zusammen, daß solche Tiere vorgerückten Alters ihre Anpassung weit mehr durch Wahl der geeigneten Unterlage vollenden, als durch spontane Umfärbung.

2. Spontaner Farbwechsel bei Fischen. Wirbeltiere und Farbwechsel — da stellt sich immer sofort die Vorstellung vom Chamäleon ein, das seit Aristoteles die Phantasie beschäftigt. Aber die größeren Meister finden sich unter den Fischen, und gerade diese besten Verwandlungskünstler stellen ihre Gaben sehr oft in den Dienst der Tarnung.

Die Hautorgane dieses Farbwechsels kennen wir: es sind schwarze, rote, gelbe, weiße und irisierende Farbzellen. Diese Farbzellen sind durch feine Nervenfasern mit den Nervenzentren verbunden. Die Ausbreitung und das Zusammenballen des Farbstoffes kann also auf den Nervenwegen direkt angeregt werden und unter Umständen sehr rasch erfolgen. Die Anpassung an die Farben der Umgebung wird von den Augen vermittelt. Diese Eindrücke sind die wichtigste Quelle der Erregungen, welche auf die Farbzellen wirken. Doch vermag auch die Haut durch besondere lichtempfindliche Sinnesorgane direkte Meldungen an das zentrale Nervensystem zu senden, die an die Farborgane der Haut weitergegeben werden. Die Erregungen im Gehirn können aber auch auf Hormondrüsen wirken, unter denen der Hirnanhang, die Hypophyse, die wichtigste Rolle spielt. Diese Drüse, die dicht unter dem Gehirn, über dem Gaumen im Schädel eingebettet ist, sondert ihre Reizstoffe in die Blutbahn ab. Auf diesem Wege erreichen sie die Haut und die Farbzellen. Das Farbwechselhormon des Hirnanhangs bewirkt Ausbreitung des schwarzen Pigments. Die Aufhellung, d. h. das Zusammenballen des Farbstoffs, wird auf dem Wege über Nervenreize erreicht, wobei das sog. sympathische System in Aktion tritt.

Der Farbwechsel steht aber nicht nur im Dienst der Anpassung an den Untergrund. Er bewirkt auch die jahreszeitlichen Veränderungen der Tracht, die mit der Fortpflanzung im Zusammenhang stehen. Außerdem dient er der Kundgabe von Stimmungswechsel, der oft sehr rasch erfolgen kann, und z. B. Überlegenheit oder Unterwerfung gegenüber Artgenossen anzeigt. Alle drei Funktionskreise können bei einer Art vereinigt sein. Das Chromatophorenspiel ist in viele komplizierte, zentrale Schaltsysteme eingeordnet.

Keine Fischgruppe erreicht in der Kunst der Tarnung die Fertigkeit der Plattfische, der Schollen (Abb. 96). Diese Meerfische zeichnen sich ja auch sonst aus. Wandern doch in ihrer frühen Jugend nach einer kurzen Zeit völlig normaler Symmetrie die Augen und der Mund auf die eine Körperseite, womit eine ganz abnorme Haltung eingeleitet wird. Das Tier liegt auf einer Seite dem Boden auf; nur die belichtete Hälfte wird farbig und trägt das Muster — das Schwimmen geschieht in dieser Seitenlage.

Die Nachahmung des Untergrundes erreicht hier erstaunliche Grade von Übereinstimmung. Wird doch nicht nur die Farbe im Rahmen der verfügbaren Tönungen sehr genau imitiert, sondern auch die Musterung der Umgebung: feiner oder grober Sand, Kiesgrund werden recht weitgehend vom Spiel der Farbzellen nachgeahmt.

3. Spontaner Farbwechsel bei Amphibien und Reptilien.

Auch bei Amphibien und bei einigen Reptiliengruppen kommt recht komplizierter Farbwechsel vor. Bei den Amphibien ermöglicht vor allem das Spiel der Schwarzzellen Anpassungen an die Umgebung, wobei auch Bewegungen von gelben oder orangefarbenen Pigmenten mitwirken, während die Weißzellen unbewegliche Kristalle enthalten. Das stabile Streifenmuster des Froschs enthält bewegliches Pigment und kann auch heller oder dunkler erscheinen. Die Verdunkelung ist in erster Linie das Werk eines Hypophysenhormons, dessen Verschwinden aus dem Blutstrom Aufhellung bewirkt. Möglicherweise erzeugt die Hypophyse aber auch ein besonderes aufhellendes Hormon. Nervenwirkungen sind eine Zeitlang bestritten worden, heute sind sie in beschränktem Umfang nachgewiesen. Es scheint aber, daß ihr Einfluß von manchen Forschern stark überbewertet wird. Die Langsamkeit des Farbwechsels bei Amphibien deutet auf das Vorwiegen der hormonalen Lenkung.

Die Außeneinflüsse, welche die Tracht der Amphibien beeinflussen, sind beim Frosch besonders eingehend untersucht. Die Augeneindrücke wirken ähnlich wie bei Fischen, doch auch der Einfluß der Nervenreize, die von der Haut herkommen, ist ebenfalls

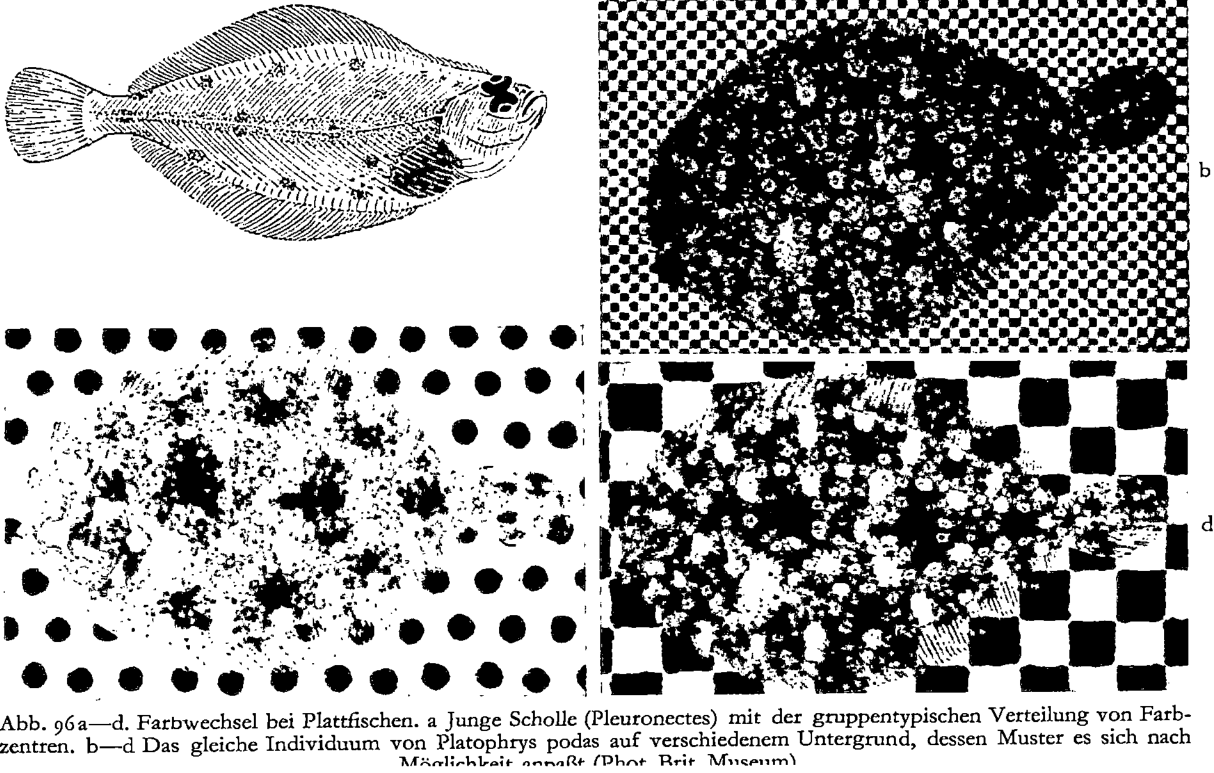

Abb. 96a—d. Farbwechsel bei Plattfischen. a Junge Scholle (Pleuronectes) mit der gruppentypischen Verteilung von Farb-zentren. b—d Das gleiche Individuum von Platophrys podas auf verschiedenem Untergrund, dessen Muster es sich nach Möglichkeit anpaßt (Phot. Brit. Museum)

sehr groß. Kälte-, Wärme- und Tastreize sind am Werk. Als Neuigkeit gegenüber den reinen Wasserwesen der Fischwelt tritt bei Amphibien die wechselnde Feuchtigkeit als besonders lebenswichtiger Reiz auf.

Diese reichen Möglichkeiten der Beeinflussung erlauben es Fröschen und Kröten, ihr Kleid dem Wechsel ihrer Umgebung sehr weitgehend anzupassen und vom dunklen Schlammgrund zum helleren trockenen Steinboden, von dürrem Gras zu taufrischer Vegetation viele Varianten zu verwirklichen. Miss STEPHENSON berichtet von einer naturliebenden Frau, die einen abwechslungsreichen Felsengarten pflegte. Sie war lange Zeit überzeugt, drei Kröten zu hegen: eine gesprenkelte braune im Felsenteil, eine grünliche inmitten des Rhododendrongebüschs und eine schwärzlich-olivgrüne im Schlamm des Bächleins. Erst lange Erfahrung bewies ihr, daß dieses Gartenrevier nur von einer einzigen Kröte bewohnt war!

Die chromatischen Organe der farbwechselnden Kriechtiere sind bei den einzelnen Gattungen sehr verschieden aufgebaut. Drei Kriechtiere vor allem sind das Objekt intensiver Farbwechselstudien gewesen. (Abb. 97) Da ist vor allem Anolis, das „amerikanische Chamäleon". Diese grün bis bräunlich gefärbte Eidechse zeigt den einfachsten spontanen Farbwechselapparat. Entgegen allen älteren Auffassungen sind die Chromatophoren ohne jede nervöse Versorgung, die mit Farbänderung zu tun hätte. Das Hormon der Hypophyse erzeugt die Umstimmung: Verdunkelung bei starkem Hormongehalt im Blut, Aufhellung bei dessen Verminderung. Dieser Farbwechsel scheint viel mehr im Dienst des Ausdrucks zu stehen und vom inneren Zustand zu künden, als an der Tarnung mitzuwirken.

Bei der Krötenechse Phrynosoma der Trockengebiete des amerikanischen Westens ist die chromatische Organisation komplizierter. Auch hier bewirkt das Farbwechselhormon des Hirnanhangs Verdunkelung, aber daneben wirkt ein zweiter Stoff antagonistisch. Außerdem ist ein aufhellender Einfluß von Nervenfasern nachgewiesen.

Wir erwarten alle, daß dem Chamäleon der komplizierteste Apparat des Farbwechsels zugeteilt ist. Seiner Kompliziertheit entspricht aber auch die Unsicherheit der Deutungen. Drei

Farblagen helfen das Kleid wechseln: Gelb zuoberst, Schwarz in der Mitte, Rot am tiefsten in der Unterhaut. Einige tiefe Lagen von Guaninzellen helfen am Farbeffekt mit, indem ihre unterste Schicht einen hellen Reflektor bildet, während die höher gelegenen Strukturblau erzeugen, das mit dem Gelbpigment Grün erzeugt. In bezug auf die Tarnwirkungen ist der Wechsel der

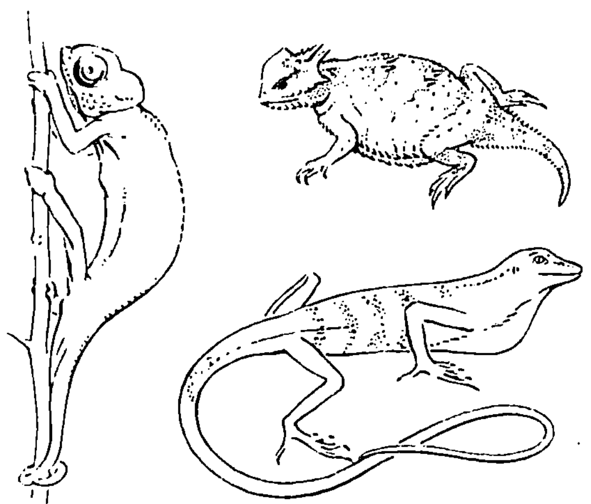

Abb. 97. Die Reptilien mit besonders ausgeprägtem Farbwechsel: Links: Das afrikanische Chamäleon. Rechts: Oben die Krötenechse (Phrynosoma) der nordamerikanischen Trockengebiete. Rechts unten: Das amerikanische Chamäleon (Anolis)

Schwarzfärbung maßgebend. Doch steht der Farbwechsel ebensosehr im Dienst der Kundgabe von Erregungen, und auch der direkte Einfluß von Licht und Temperatur ist ein bedeutender Faktor in diesem Farbenspiel. Werden doch Hautbezirke, die direktem Licht ausgesetzt sind, sogleich etwas dunkler als die beschatteten.

Daß auch der Farbwechsel durch Erregung zuweilen Schutz vor Verfolgern bedeuten kann, bezeugen Beobachtungen an einem Chamäleon (Ch. dilepsis), das im Hause gehalten wurde. Bei Verfolgung durch einen Hund drehte sich das zunächst fliehende Reptil dem Hunde zu, öffnete das große rosafarbene Maul und eine schwarze Färbung überlief den Körper. Diese Drohstellung und Verfärbung war jedesmal wirksam.

Beim Chamäleon wirken Reize über die Augen und Hautreize zusammen. Ob die letzteren die Melanophoren direkt oder auf dem nervösen Weg über das Rückenmark treffen, ist umstritten. Sicher ist die aufhellende Wirkung der Nervenfasern, welche die Melanophoren versorgen. Hinsichtlich der Hormone besteht der größtmögliche Gegensatz der Auffassungen: es soll nur ein aufhellendes Hormon vorkommen — das ist das eine Extrem der Deutungen — es sollen deren 2 sein, zu welchen sich noch 2 verdunkelnde Stoffe gesellen würden — das ist die andere Variante. Jedenfalls tun wir gut, wenn wir vom Chamäleon als Verwandlungskünstler reden, es nicht etwa bloß als einen Meister der Tarnung zu rühmen. Es bezeugt etwas viel Umfassenderes: die reiche Möglichkeit, von der Innerlichkeit eines Tiers durch wechselnde Erscheinung in einer freilich schwer lesbaren Sprache Kunde zu geben.

c) Farbwechsel bei Insekten

Wenn wir den Farbenreichtum und die Tarnungsmöglichkeiten der Insekten bedenken, so erwarten wir vielleicht, in dieser Tiergruppe auch besonders reichen Farbwechsel zu finden. Die Wirklichkeit enttäuscht uns. Die Hautstrukturen der Insekten sind dem raschen Wechsel der Farbtracht ungünstig. Ihre Chitinhülle, wie die Federn der Vögel oder die Haare der Säuger, kann wohl Träger von stabilen Färbungen sein oder leuchtende Strukturfarben oder Schillertöne erzeugen — zum spontanen Wechsel der Farbe ist sie wenig geeignet. Raschem und umfassenderem Farbwechsel ist das Leben im Wasser günstiger.

Den Insekten fehlt schon der Apparat, der die Umfärbung bei Krebsen ermöglicht: bewegliche Chromatophoren sind nur selten zu finden und bisher nie im Zusammenhang mit Farbanpassung gesehen worden. Bei der Mückenlarve Corethra, die im Wasser lebt, liegen auf den Schwimmblasen Melanophoren, deren Pigmentwanderung dem Wärmehaushalt und auf diesem Umweg dem Gaswechsel dient.

Farbwechsel mit Tarnungswert kommt vereinzelt vor: am besten kennen wir ihn bei den Larven der Libellen (Abb. 98). Die Anpassung an den Untergrund geschieht auf dem Weg über die Augen, wobei das vom Untergrund reflektierte Licht entscheidend ist. Die Umfärbung kann aber nur durch eine Larvenhäutung geschehen; wenigstens zwei Tage lang muß die neue Unterlage vor der Häutung auf das Auge eingewirkt haben, damit je nach dem Milieu Aufhellung oder Verdunkelung auftritt. Die Färbung geschieht stets durch Melanin, das in den Zellen der Haut gebildet und in der obersten Schicht der neu sich formenden Chitinhülle eingelagert wird. Bei der Häutung ist die neue Farbvariante bereits verwirklicht und fixiert.

Abb. 98. Larvenhäute großer *Libellen* (Aeschna); die kleineren Häute sind Stadien *vor* der besonderen Farbanpassung, die größeren zeigen die Haut, nachdem das kleinere Larvenstadium eine Zeitlang auf hellem Grund (links) oder auf dunklem Boden (rechts) gelebt hatte (nach F. KRIEGER)

Ähnliche Erscheinungen spielen sich wohl noch bei anderen Insekten ab. Wir kennen sie z. B. bei Sigora, einer kleinen Wasserwanze, wo vor der Häutung zum letzten Stadium der Untergrund auf die Pigmentbildung im Sinne einer Anpassung wirkt. Auch bei den flugunfähigen Frühstadien einer Wanderheuschrecke (Locusta migratoria) kommt eine Anpassung vor, an der Melanin sowohl wie gelb-orangefarbenes Pigment beteiligt sind.

In diesen Kreis von Farbumstimmung muß auch die Puppenfärbung eingefügt werden, die an den Ruhestadien des Kohlweißlings (Pieris brassicae) besonders eifrig studiert worden ist.

Die definitive Ausfärbung der Puppen beruht auf dem Anteil von Weiß-Farbstoff in den Epidermiszellen und von Melanin in der äußersten Cuticularschicht des Chitinpanzers. Der entscheidende Einfluß geht im spätesten Raupenstadium von den Augen aus und wirkt über ein im Kopf gelegenes Zentrum auf die sich bildende Puppenhaut.

Auffälliger Wechsel der Farbtracht ist bei einer Heuschrecke des Nahen Orients beschrieben worden: Acrida turrita kann mehrere Farbkleider erzeugen, gelbe oder grüne sind in der Natur die häufigsten, doch besteht auch die Möglichkeit für rötliche, graue und violette Varianten. Der Farbwechsel tritt wie bei den Libellenlarven erst nach der Häutung in Erscheinung und braucht eine entsprechende Vorbereitungszeit. Die Veränderungen bei Acrida beruhen nicht auf Melanin, sondern auf anderen Farbstoffen der Haut; Karotinoide, Gallenfarbstoffe und sogenannte Ommine sind beteiligt. Auch andere Heuschrecken verfügen über ähnliche Verwandlungsgaben.

Die bräunliche Variante der bekannten Stabheuschrecke Carausius morosus kann ihr Farbkleid verändern. Dieser Farbwechsel ist in jüngster Zeit wegen seiner hormonalen Steuerung öfters untersucht worden, ohne daß eine völlige Klärung der Wirkungsweise erreicht worden wäre. Experimente sprechen für die Bildung von Farbwechselhormon durch das Gehirn. Die Tiere wechseln im Tag-Nacht-Rhythmus die Farbe; sie sind am Tag hell, nachts dunkler getönt. Aber auf dem Weg über die Augen ist auch eine Anpassung an den Untergrund möglich. Diese Umstimmung geschieht durch Verlagerung der Farbstoffe in der einzelligen Hautschicht. Temperatur und Luftfeuchtigkeit sind weitere Faktoren, welche die Farbtracht beeinflussen.

IV. Experimente über die Bedeutung der Tarnung

Schutzfarben und Warnfarben, Mimesis von Blatt und Ast oder Rinde, Mimikry von gemiedenen Tieren durch harmlose, ungeschützte — alle die Erscheinungen, die uns hier beschäftigen, werden in der wissenschaftlichen Diskussion nicht nur um ihrer selbst willen seit Jahrzehnten eifrig diskutiert. Es geht nicht

so sehr darum, ob gerade diese Kröte oder jener besondere Falter
wirklich geschützt sind durch ihr Kleid, es geht vielmehr um ein
allgemeines Prinzip. Der Erhaltungswert der tierischen Tracht
im Daseinskampf ist eine der Grundlagen der von DARWIN
begründeten Theorie über die Entstehung der Arten, und die
vielen Beispiele, von denen auf diesen Seiten die Rede ist, sind
den Biologen vor allem Argumente in der Diskussion um diese
Theorie.

DARWIN ging davon aus, daß die Nachkommen eines Eltern-
paares in allen Richtungen kleinste Varianten aufweisen, die sie
von den Eltern in allerhand Einzelheiten — trotz der Artgleich-
heit — unterscheiden. Die Erbforschung der letzten 50 Jahre hat
gezeigt, daß viele Varianten erblich sind und damit, wenn sie im
Selektionsprozeß erhalten bleiben, Ausgangspunkt neuer Lebens-
formen werden können. Diese erblichen Varianten nennen wir
Mutationen.

Die Grundannahme ist nun die, daß die Mutationen hinsichtlich
ihres Erhaltungswertes indifferent, also nicht etwa auf bestimmte
Ziele hin orientiert sind, daß sie nicht als „Anpassungen" entstehen. Ob sie nützen oder schaden, darüber entscheidet das Leben
selber. Die Einflüsse der Umgebung, die vielerlei Feinde merzen
die einen Varianten aus, andere lassen sie bestehen. Die natürliche
Selektion, wie man die Gesamtheit dieser Wirkungen nennen
kann, bestimmt über Erhaltung oder Vernichtung.

Nach dieser Auffassung sind also auch alle die erstaunlichen
Schutztrachten und Mimikry-Erscheinungen nicht im Hinblick
auf solche Wirkungen geschaffen worden, sondern sie sind das
Ergebnis ungezählter zufälliger Varianten, unter denen im Laufe
von Jahrmillionen die Selektionsprozesse unablässig ausgewählt
haben. Wenn diese getarnten Gestalten oder diese Warnfarben
heute wie „für ein Auge geschaffen" erscheinen, so rührt das
davon her, daß eben Augen während Jahrmillionen als auslesende
Faktoren am Werke waren und so diese erstaunlichen optischen
Gestaltungen ermöglicht haben.

Unter diesen Voraussetzungen mußte es von größter Bedeutung sein, diese auslesende Wirkung durch tierische Sinnesorgane
auch nachzuweisen; es wurde bedeutsam zu zeigen, daß von zwei
Varianten die getarnte am Leben bleibt, die andere nicht. Es war

wichtig zu beweisen, daß die Erfahrung mit giftigen oder ekel-
erregenden Tieren, die auffällig gefärbt sind, wirklich die Ver-
folger zum Vermeiden dieser Tiere führt. Gelingt der Nachweis
solcher Auslese, dann muß die Darwinsche Theorie in ihrer neuen,
neodarwinistischen Fassung als eine Erklärung der Entstehung
von Arten gelten.

1. Versuche über die Wirkung der Farbanpassung

Daß Farbanpassung an den Untergrund besteht, braucht keiner
experimentellen Beweise. Der Augenschein bezeugt es. Daß aber
diese weit verbreitete Homochromie einen arterhaltenden Wert
hat, das muß im Versuch nachgewiesen werden, denn auf solcher
Schutzwirkung soll ja die Entstehung dieser Tarnungen beruhen.
Die vielen Experimente, welche der Klärung dieser Wirkungen
dienen sollen, beziehen sich alle auf die sog. „procryptische" Homochromie, die vor Verfolgern schützt. Da es sich um die Sinnes-
leistungen von Augentieren handelt, sind die Vögel als Auslesende ganz besonders beachtet worden. Sind doch bei ihnen die
Augen das führende Sinnesorgan und die Möglichkeit einer Orientierung durch Geruch fällt fast ganz außer Betracht. Wir sehen
uns darum zuerst einen solchen Versuch an, wie er von SUMNER
in mehreren Varianten durchgeführt worden ist. Er hat die kleinen
Fische der Gattung Gambusia verwendet, die als Vertilger von
Mückenlarven im Kampf gegen die Malaria berühmt geworden
sind.

In großen Behältern von schwarzer und weißer Farbe wurden
die Fische mehrere Wochen gehalten, bis sie so dunkel und so
hell wie möglich angepaßt waren. Dazu verhilft ihnen ja der spontane Farbwechsel. Dann wurde jeweils die gleiche Zahl von
dunklen und hellen Fischlein in einen Tank gebracht, einmal in
einen schwarzen, wo die hellen Tiere im Nachteil waren, das andere Mal in einen hellen, wo sich die dunklen besonders vom
Untergrund abhoben. Als Feind wirkten Pinguine der kleinen
Art, die auf den Galapagosinseln daheim sind (Spheniscus), also
tüchtige Jäger.

Nimmt man alle Versuche zusammen, so wurden von total
2672 Fischen 1150 von den Pinguinen erjagt. Davon gehörten

395 Beutetiere der jeweils unauffälligen Farbvariante an (dunkel im dunklen, hell im hellen Bassin), 755 aber waren jeweils durch ihre Färbung vom Untergrund verschieden. Die Pinguine erbeuteten also insgesamt 66% auffälliger Fische und nur 34% der unauffällig gefärbten.

Besonderes Interesse dürfen die Versuche beanspruchen, welche DICE in den Vereinigten Staaten durchgeführt hat, die den Jagderfolgen von Schleiereulen und Waldohreulen beim Suchen nach der kleinen Weißfußmaus Peromyscus maniculatus galten und die 1947 veröffentlicht worden sind. Nicht allein tragen sie zur Beantwortung des allgemeinen Tarnungsproblems bei, sondern sie geben auch auf einen Einwand Antwort, der oft gemacht worden ist. Er betrifft die Schutzwirkung der Homochromie, wenn ein Tier bei Dämmerung oder in der Nacht gejagt wird. Wie soll da Tarnfärbung wirken, wieso soll sie im Dunkeln von Bedeutung sein? DICE verwendete vier verschiedenfarbene Rassen seiner Nager und stellte Versuchsböden von entsprechenden Farbvarianten her. Jeder Versuchsraum wurde in zwei Abteilungen (jede 2,7 ×3 m) gegliedert und mit dem farbig sorgfältig abgestuften Untergrund versehen, so daß stets jeder Raum mit zwei verschiedenen Böden belegt war. Von der Erfahrung geleitet, daß Eulen auf einer freien Bodenfläche ihre Beute auch ohne Licht finden und sich vom Gehör leiten lassen, wurde der Boden mit einer Art von künstlichem Wald versehen: in Vierecken von 20 cm waren Holzstäbchen 30 cm hoch aufgerichtet, die in 10 cm Höhe horizontal mit Stäben verbunden waren — ein künstlicher Dschungel, der die Hilfe der Augen notwendig machte. Das Ganze wurde auf Grund von Vorversuchen außerordentlich schwach beleuchtet. Jede Farbvariante von Peromyscus wurde je eine Viertelstunde lang dem Jäger dargeboten, abwechselnd auf gleichwertigem und auf abweichend gefärbtem Untergrund. Es waren stets in jeder Hälfte des Experimentierfeldes vier mit dieser Farbe homochrome und vier nicht angepaßte Nager ausgesetzt, so daß in jedem Feld eine gemischte Gruppe vorhanden war. In 13 Versuchen wurden auf hellem Grund bei abgestufter Beleuchtung bis zu völliger Dunkelheit 33 helle und 58 dunkle gefangen; auf dunklem Grund waren es 67 helle und 38 dunkle. Faßt man diese Resultate in eines zusammen, so besteht die Beute

98

der Mausjäger aus 125 unangepaßten gegenüber 71 angepaßten Nagern. Das gesamte Ergebnis aller Versuche ist 274 unangepaßte Opfer gegen 159 homochrome. Dieses Resultat bezeugt ganz eindeutig den Nutzen der Farbanpassung, kann es sich doch in der Natur immer nur um einen relativen, nie einen absoluten Schutz handeln.

Ein interessantes Zeugnis für den arterhaltenden Wert der Homochromie hat 1921 GEROULD veröffentlicht. Er hat an Heufaltern (Colias philodice) eine Mutation studiert, welche die Blutfärbung der Tiere auf allen Lebensstadien verwandelt, so daß deren Raupen statt grasgrün auffällig blaugrün sind. GEROULD setzte eine gemischte Raupenmenge, die ein Drittel bis ein Viertel der blaugrünen Form enthielt, in offenem Gelände den Spatzen aus. Nach 10 Tagen waren

Abb. 99. Schachbrettversuch mit Heuschrekken, die einem Waldrappen (Geronticus eremita) zum Suchen dargeboten werden (nach ERGENE)

nur noch grasgrüne übrig, von den bläulichen aber nur zwei kleine, noch unauffällige Räupchen. Die Ausmerzung war praktisch vollständig.

Wie Versuche angestellt werden, welche die Wirkung der Schutzfarben für Insekten prüfen sollen, mag uns ein Experiment zeigen, das in den letzten Jahren in der Türkei von SAADET ERGENE angestellt worden ist (Abb. 99). Larvenstadien einer auffällig dem Untergrund angepaßten Feldheuschrecke, von Oedipoda und solche von Acrida wurden auf einem schachbrettartig eingeteilten Versuchsfeld den suchenden Augen eines Vogels ausgesetzt; diesmal war es ein Waldrapp (Geronticus eremita), der dem Ibis verwandt ist. Für Oedipoda waren die Quadrate von je 40 cm Kantenlänge rotbraun und grau, mit Steinchen von den Wohnorten der Larven belegt. Larven werden verwendet, weil hier die grelle Färbung der Hinterflügel wegfällt, welche die

erwachsene Oedipoda zeitweilig auffällig macht. Im Versuch mit
Acrida, die grün oder gelb angepaßt ist, wurde das Schachbrett
in entsprechenden Farben hergestellt (Aussaat von Mais für Grün,
trockene Getreidehalme für Gelb). Die Versuchstiere waren so an
Fäden befestigt, daß sie sich bewegen konnten.

Die Versuche wurden so durchgeführt, daß jedesmal, der Felderzahl entsprechend, 16 Heuschrecken ausgesetzt wurden, verteilt auf einem Untergrund, von dem sie abstechen mußten und
auf einem anderen, auf dem sie dem Blick entzogen waren.

Der Waldrapp durfte in jedem Versuch zwei Minuten lang
suchen. Dann wird ausgezählt. Für jeden Versuch wird die Verteilung auf den Feldern geändert, damit der Vogel nicht auf
bestimmte Felder geradezu dressiert wird.

Die Ergebnisse: in 57 Versuchen mit Oedipoda wurden 251
Larven gefressen, davon waren 236 auf dem andersfarbigen Untergrund, nur 15 wurden auf dem gleichfarbenen aufgegriffen.
In 91 Versuchen mit Acrida sind insgesamt 617 der Heuschreckenlarven aufgezehrt worden: 559 von ihnen saßen auf dem Kontrastuntergrund, nur 58 wurden vom homochromen Viereck aufgelesen.

Die Zahl derartiger Experimente ist eine sehr große. Wir müssen uns mit diesen Beispielen begnügen. Alle bezeugen klar die
relative Schutzwirkung und damit auch den Selektionswert der
Farbanpassung.

2. Versuche über die Wirkung auffälliger Warnfarben

Neben der Prüfung des Tarnungswertes hat sich die experimentelle Arbeit intensiv mit der Wirkung von Warnfarben beschäftigt. Ungezählte Einzelbeobachtungen bezeugen zunächst, daß
die Wirkung von Warnfarben auf Wirbeltiere nicht etwa durch
ererbte Verhaltensweisen gesichert ist; erst die individuelle Erfahrung bringt dem einzelnen Tier bei, daß mit manchen lebhaften
Trachten unangenehme Erfahrungen verbunden sind, daß es also
vorteilhaft ist, solche auffälligen Gesellen zu vermeiden. Daß es
Spezialisten unter den Jägern gibt, die gerade warnfarbene wehrhafte Insekten wie z. B. Wespen mit Vorliebe suchen, das hebt die
Tatsache nicht auf, daß sehr viele Insektenfeinde diese stachel-

tragenden Schwarzgelben nach ersten Erfahrungen schon aus
ihrem Spiel lassen. Wie sich dieses Vermeidenlernen zahlenmäßig
für die Erhaltung der auffälligen Insekten auswirkt (denn um
Kerbtiere handelt es sich ja in erster Linie), das ist Gegenstand
vieler Untersuchungen.

Auch hier wird niemand erwarten, daß ein absoluter Schutz
besteht: der Nachweis relativer Wirkung ist bereits ein wichtiges
Argument für eine arterhaltende Rolle der Warnfarbe.

Aus den vielen Untersuchungen an Vogelmägen greifen wir
ein Beispiel heraus: die Auszählung des Futters von Jungstaren,
die KLUIJVER in Holland durchgeführt hat. Man verschafft sich
die Futterprobe, indem man den Jungen zeitweilig einen lockeren
Halsring anlegt, der sie lediglich am völligen Schlucken hindert.
So kann man sich leicht Futterproben verschaffen, ohne den Vogel
und das Futtergeschäft der Alten zu schädigen. KLUIJVER hat
17933 Futtertiere erhalten, davon 16484 Insekten. Unter diesen
waren von 4490 Käfern z. B. nur zwei der ungenießbaren Marien-
käfer, unter 799 Hautflüglern nicht eine Wespe oder Biene und
bloß eine Grabwespe (Crabro).

Wie sich einzelne höchste Tierformen als Auslesende verhalten,
hat CARPENTER an zwei zahmen Meerkatzen (Cercopithecus) in
Ostafrika individuell geprüft, indem er den Affen entweder Insekten anbot oder das Futtersuchen genau beobachtete. Er hat
dabei eingehende Berichte über das Verhalten gesammelt. CAR-
PENTER hat alle dargebotenen oder vorgefundenen Insekten auf
Grund der Färbung als aposematisch oder procryptisch klassiert
und deren Abweisung oder Annahme als Futter registriert.

Wieder ist die Auslese deutlich genug: Von den 157 verzehrten
Insekten sind 113 unscheinbar gefärbt und nur 44 auffällig, von
den insgesamt 218 abgewiesenen Tieren sind 176 auffällig, 42
unscheinbar. Anders formuliert: von 221 Warntracht Tragenden
werden 176 abgelehnt, von den 155 Unscheinbaren nur 42. Die
Tatsache eines beträchtlichen Schutzes der auffällig Gefärbten
ist augenfällig.

Versuche mit Eichelhähern über die schützende Wirkung der
starren cryptischen Haltung von Spannerraupen sind aufschlußreich. Die Experimente bezeugen zunächst, daß die Raupen meist
unbeachtet bleiben. Entdeckt der Häher aber eine derselben, so

wendet sich sein Augenmerk für eine Weile diesen seltsamen Ästchen zu, und er mag in solchen Fällen auch noch einige weitere
erbeuten. Aber recht oft greift er bei diesem neuen Beutesuchen
umsonst zu und nimmt Ästchen für Raupen. Die Vergeblichkeit
dieser Taktik prägt wieder ein neues Verhalten: der Vogel ver-
läßt jetzt diese undankbare Astsuche und auch die Raupen sind
bald wieder vor ihm sicher. Die schützende Wirkung ist weit bedeutender als der normale Tribut, den die Art durch die ent-
deckten Raupen zuweilen zu entrichten hat.

Die Wirkung der Wespentracht ist durch großzügige Versuche
in den letzten Jahrzehnten weitgehend geklärt worden. Besonders
wichtig sind die Experimente von MOSTLER (1935), die auch der
Bienen-Mimikry galten, und die Versuche von WINDECKER (1939)
an den Raupen des Karminbärchens (Euchelia), von denen wir
bereits erfahren haben. Als Feinde wurden Vögel geprüft — vor
allem die Singvögel, die schon nach 8—14 Versuchen lernen, einen
unangenehmen Bissen künftig abzulehnen. Die Versuche bringen
den Nachweis, daß Wespen, Bienen und Raupen von Euchelia
widerlich schmecken: Nährbrei mit Organen der Versuchstiere,
der den Vögeln ohne Färbung vorgelegt wurde, wird abgelehnt.
Dieselben Experimente bezeugen die Notwendigkeit des Lernens,
die Gedächtnisleistung der Vögel, aber auch das Erlöschen der
Erinnerung an die gemachte Erfahrung im allgemeinen nach
etwa 3 Monaten. Der Schutz der Wespentracht ist z. B. in 80%
der Fälle wirksam; in einem anderen Beispiel kann der Anteil auf
etwa 60% sinken. Aber aus diesen Zahlen geht doch die Wirksam-
keit des Schutzes für die Arterhaltung deutlich hervor.

3. Die Rolle der Sinnesorgane

Die Tarnung ist eine Erscheinung der optischen Welt — nur
wo Augen Bilder wahrnehmen, Formen und Farben, haben cryptische oder semantische Gestaltungsweisen Sinn. Darum muß ein
Überblick der Erscheinungen des Versteckens und Ablenkens auch
die Sinnesorgane prüfen, die da getäuscht werden sollen. Wir haben
bereits am Anfang unseres Rundgangs darauf hingewiesen, daß
alle Tarnung auf den „Gesetzen des Sehens" beruht, auf der
besonderen Arbeitsweise der gesamten Sehorganisation, also der

Augen und der ihnen zugeordneten Glieder des zentralen Nervensystems.

Nur Tierformen mit einer komplizierten optischen Orientierung kommen für solche Auslese in Frage. Die Mehrzahl der Spinnen scheidet aus, da ihr Beutefang wesentlich auf anderen als optischen Reizen beruht. Auch alle Tiergruppen, bei denen die Riechsphäre der vorherrschende Sinnesbereich ist, werden durch optische Tarnung nicht getäuscht werden können. Nur Sehorgane, wie sie einerseits Wirbeltiere oder Tintenfische als Linsenaugen, anderseits Insekten und Krebse als Facettenaugen entwickelt haben, können getäuscht werden.

Die Rolle dieser Augenfunktion ist in Hinsicht auf unser Problem von doppelter Art — und es ist nötig, diese beiden Leistungen klar zu sondern. Es handelt sich einerseits um die analytische Arbeit des Auges, welches „Dinge" aus einem Hintergrund ausgliedert, sie als Gesondertes erfaßt und darauf die zweckmäßigen Verhaltensweisen in Bewegung setzt. Das ist die vorwiegende Leistung des Angreifers, des Jägers, der auf Beute aus ist.

Das Auge kann aber auch im Dienst der eigenen Tarnung arbeiten, indem es den günstigen Untergrund suchen hilft, oder indem es den Wechsel des eigenen Farbkleides auslöst. Wir müssen uns die komplizierten, sicher unbewußten Reizsysteme vorzustellen versuchen, welche in einer Scholle im Experiment die Anpassung an ein Schachbrettmuster dirigieren!

Wir müssen auch die Kombination ins Auge fassen, daß die optische Wahrnehmung eines Rivalen bei einem Fisch den Farbwechsel als sozialen Signaldienst in Erregung setzt — während beim gleichen Tier kurz darauf in Ruhestimmung ganz andere optische Erregungsmuster die farbigen Hautorgane der Tarnung in Betrieb setzen. In keinem Fall kennen wir diese nervösen Organisationen in ihrer Gesamtheit.

Die Rolle der Augen im tarnenden Farbwechsel haben wir bereits festgestellt, soweit sie bekannt ist. Wir müssen uns der anderen Leistung zuwenden, dem Erspähen von Beute, wo die Tarnung ihre große Rolle spielt. Dabei müssen wir uns so gut wie ausschließlich auf die Wirbeltiere beschränken, da die Rolle der Facettenaugen in Hinsicht auf die Tarnwirkungen nicht genauer untersucht ist. Wieweit Krabben z. B. sich täuschen lassen, bedarf noch der Prüfung.

In den letzten Jahrzehnten ist der Nachweis des Farbensehens für viele höhere Tiergruppen experimentell geleistet worden. Die besonders wichtigen Ergebnisse an Bienen sind in VON FRISCHS Werk in dieser Sammlung dargestellt. Auch für die meisten Wirbeltiere ist der Nachweis erbracht worden, daß ihr Farbensehen sich vom unsrigen nicht allzusehr unterscheidet. Wir wissen freilich über viele Einzelheiten noch ungenügend Bescheid, so etwa über die umstrittene Möglichkeit, daß infrarote Strahlen des Spektrums von Eulen gesehen werden. Auch die Bedeutung der farbigen, vor allem gelber und roter Filter aus feinen Ölkügelchen in den zapfenartigen Sehzellen der Vögel bedarf noch der Klärung. Was wir einigermaßen sicher wissen, weist darauf hin, daß der periphere Teil der optischen Organisation bei den Wirbeltieren, die als Auslesende, als Jäger im Bereich der Tarnungserscheinungen in Betracht kommen, ähnlich arbeitet wie unser eigenes Auge. Aber erst die Leistungen der zentralen Organisation bestimmen, was im Gesichtsfeld wirklich gesehen, was herausgelöst und beachtet wird. Die Frage nach diesen Funktionen ist schwerer zu beantworten als die nach der Arbeit des Sinnesorgans selber. Die Verhaltensforschung hat aber seit zwei Jahrzehnten schon einige bedeutende Ergebnisse erreicht, die uns für die Deutung auch des Sehens gewisse Richtlinien geben. Obwohl die Tierpsychologie unserer Zeit mit Recht immer wieder betont, wie fremd für uns das Erleben, das Auffassen der Umgebung bei den höheren Tieren sein muß, so geht diese Warnung doch von der Gewißheit aus, daß sowohl im Sinnesleben wie in den das Handeln bestimmenden Affekten der Tiere wichtige Übereinstimmungen mit unserer eigenen Erlebnisweise bestehen. Insbesondere hat das tierpsychologische Experiment es wahrscheinlich gemacht, daß die Gestaltgesetze, auf denen beim Menschen die sog. „optischen Täuschungen" beruhen, auch für die Wirbeltiere gelten.

Abschluß

Die Sehnsucht nach der Ferne gibt den exotischen Dingen einen besonderen Platz in unseren Vorstellungen. So sind denn auch der Blattschmetterling Kallima wie Phyllium, das wandelnde Blatt, zu

Musterbeispielen der Tarnung geworden, die uns zuweilen vergessen lassen, wie vielfältig diese ganze Erscheinung in unserem heimischen europäischen Tierleben um uns ist. So wollen wir denn am Beispiel eines unserer Schmetterlinge, in der Betrachtung des Aurorafalters noch einmal die visuelle Eigenart der tierischen Gestaltung und Musterung in ihrer Vielfalt zu erfassen suchen und dabei an einem bescheidenen Einzelfall wieder einmal den Reichtum des Naturlebens erkennen, das uns umgibt.

Wenn im frischen Grün die blaß lilafarbenen Blüten des Wiesenschaumkrauts aufgehen, dann treffen wir auch den Aurorafalter. Die Männchen mit ihren orange- und weißgemusterten Flügeln sind besonders liebe, kleine Frühlingsboten.

Suchen wir zuerst die Raupe auf, die den Kreuzblütlern treu bleibt, auf denen das Ei abgelegt worden ist. Die feinbehaarte blaugrüne Raupe, deren Farbe durch feine schwarze Pünktchen gemäßigt wird, trägt jederseits auf der Flanke einen weißen Längsstreifen. Dieses Muster, das für viele Pieridenraupen kennzeichnend ist, muß also zunächst einmal als eine Variante einer Raupenzeichnung gesehen werden, welche dem Erbgut dieser einen Insektengruppe angehört. Ein solcher Plan einer Gruppe ist optisch indifferent, er kann nach der Seite des Verbergenden wie nach der des Auffälligen variiert werden. Bei unseren einheimischen Pieriden herrscht die verbergende Variante vor. Der Längsstreifen wirkt wie beim Heufalter: er hebt die Raupengestalt auf; er gliedert den schlanken Körper in zwei grüne Streifen, die auf den Stengeln und Blättern der Nährpflanzen durch ihre Färbung geschützt sind.

Die Raupe verpuppt sich durch Aufhängen in einem Gürtel an den Wirtspflanzen, wenn deren Schoten reifen. Die Puppe lehnt kopfoben soweit nach rückwärts, daß meist ihre Bauchseite beleuchtet ist. Dem entspricht ihr überschlanker Bau, der von der üblichen gedrungenen Raupenform weit abweicht (Abb. 100). Der Brustteil ist auf der Rückenseite ungewöhnlich abgeflacht. Die Kopfpyramide ist lang ausgezogen und stellt ein reines Puppenorgan dar, einen gestaltverändernden Zusatz. Auf den Flanken läuft eine Kante, längs der durch dunklere Tönung des Rückens ein Kontrast entsteht, der einen somatolytischen Zweiflächeneffekt schafft, der in der häufigsten Bauchbelichtung besonders scharf hervortritt. Das eingehende Studium findet noch andere, vor allem auf der Färbung beruhende optische Strukturen. Die Puppe ist anfangs grün, wechselt nach einigen Tagen ins Gelbbraun und bleibt so für die Winterruhe im Bereich dürrer Blätter und Halme ausgezeichnet getarnt. Die Puppe des Aurorafalters ist ein wahres kleines Kunstwerk der Tarnung voller echter „Einrichtungen", die einzig auf das Verbergen gerichtet sind; und gewiß ist sie im Leben der Art von großer Bedeutung, dauert doch die Puppenzeit bis zum Frühjahr, während andere Frühlingsfalter als vollentwikkelte Insekten überwintern.

Das Endstadium dieser Metamorphose bringt die ganze Fülle visueller Einrichtungen zur Entfaltung. Im Fluge, oder wenn es sich sonnt, strahlt das Männchen in Weiß

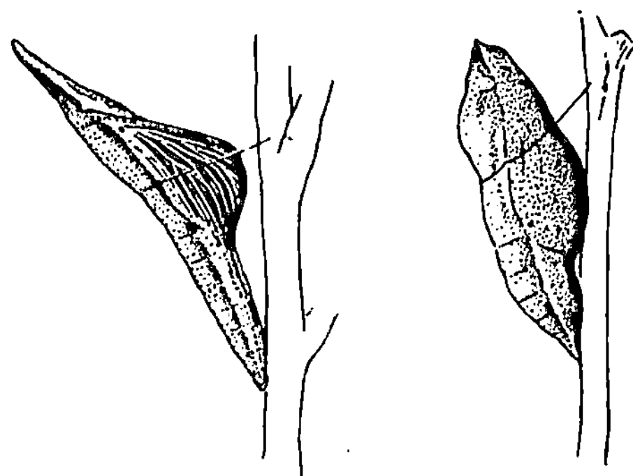

Abb. 100. Die eigenartig geformte Puppe des *Aurorafalters* (Euchloë cardamines). Zum Vergleich die typischer gebildete Puppe des Heufalters (Colias edusa) (nach SÜFFERT)

und Orange, und der dunkelbraune Saum der Flügelecken läßt das Orangerot noch leuchtender erscheinen (Abb. 101). Durch die weißen Hinterflügel schimmert zart das Muster der Unterseite durch, dessen besondere Rolle sich noch zeigen wird. Das Weibchen entbehrt des orangefarbenen Flügelflecks, es bleibt in der Färbung dem Kohlweißling nahe, zu dessen Verwandtschaft es ja gehört. Die ganze Flugerscheinung des Aurorafalters ist Auffallen, und die Kundgabe des Sich-Zeigens ist durch die geschlechtliche Differenzierung noch an Bedeutung vermehrt. Dieses semantische Muster ist indessen nicht nur eine beliebige auffällige Struktur — es ist zugleich auch die Zeichnung eines Weißlings, also des Gliedes einer weltweit verbreiteten Sippe. Wer Selektionswirkungen und Entstehungsmöglichkeiten dieser strahlenden Frühlingstracht beurteilen will, muß auch die Tatsache mit berücksichtigen, daß alle die optischen Strukturen sich in Formgesetzen

106

einer Gruppe äußern, deren reiche Variationsmöglichkeiten fest-
zustellen sind.

Läßt sich dieser farbenfrohe Weißling aber zur Ruhe nieder,
so zeigt er uns erst das Doppelgesicht seiner ganzen Gestaltung.
Denn nun wird er zu einer vollendeten Tarngestalt, die mit dem
Meisterstück der Puppe in Wettbewerb tritt. Er tarnt sich zunächst einmal mit dem bewährten Mittel der Tagfalter, indem er
seine vier Flügel über dem Rücken aufgerichtet zusammenlegt.

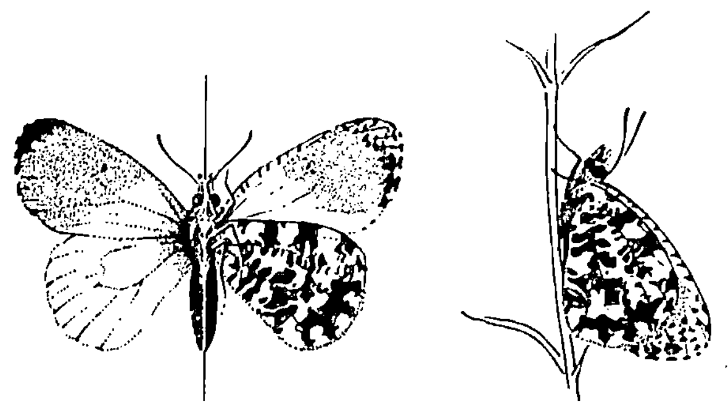

Abb. 101. *Aurorafalter* (Euchloë cardamines); beim Tier links ist die Ober-
und Unterseite dargestellt; rechts die Ruhestellung, die inmitten der Vegetation
somatolytisch wirkt

Damit schwindet mit einem Schlage das weiß-orangene Flaggen-
bild vor unsern Augen. Diese Ruhestellung darf aber wiederum
nicht nur und auch nicht zuerst als cryptische Anpassung gesehen
werden. Sie ist in allererster Linie die durch die gesamte Struktur
einem Tagfalter vorgeschriebene Ruhehaltung der Flügel, mag
die dadurch sichtbar werdende Unterseite auffallend oder verbergend gestaltet sein. Das bedingt besondere Gelenkbildungen
und Muskelfunktionen, die ein Merkmal der Gruppe sind. Viele
Tagfalter bieten auch in dieser Stellung im seitlichen Anblick ein
lebhaftes Muster, das oft besonders interessante Zusammenarbeit
von Vorder- und Hinterflügeln aufweist. Auch mit dieser Schau-
stellung ist immer eine einfachste Tarnwirkung verbunden, indem
für die Blickrichtungen von oben oder hinten der Falter auf einen
Strich reduziert erscheint. Diese allgemeine Tarnung wird aber
bei vielen Tagfaltern durch die besondere cryptische Umformung
des Musters auf der Unterseite erweitert. Der Aurorafalter führt

diese zusätzliche visuelle Leistung in einer sehr orginellen Weise
durch. Die Unterseite ist auf hellem Grunde mit einer grünlichen
Marmorzeichnung gemustert, die in einer günstigen Umgebung
die Form völlig unauffällig macht. Das ist das Muster, das auch
oberseits auf dem Hinterflügel durchschimmert. Und wie raffiniert
verwendet der Falter seine begrenzten Farbmittel. Er verfügt gar
nicht über ein wirkliches Grün. Die Grünwirkung erreicht er
mit Feldern von schwarzbraunen Schuppen, auf denen feinste
Einzelschuppen von Gelborange eingestreut sind. Das zeigt uns
erst das Mikroskop, die Fernwirkung ist tarnendes Grün. Doch
sehen wir noch etwas genauer zu. Der marmorierte Unterflügel
schafft das Tarnbild gar nicht allein: auch der Oberflügel, der in
Ruhestellung innen liegt, wirkt daran mit einem obersten Halbmond mit. Und genau dieser äußerste Halbmond — und nur er —
trägt das graugrüne Marmormuster, als wäre er gleichzeitig mit
der Unterfläche des hinteren Flügels zu Tarnzwecken bemalt
worden. Dabei entsteht dieses Vorderstück, wie wir wissen, ganz
unabhängig vom Hinterflügel: das Tarnmuster ist ein Beispiel
des Zusammenstimmens gesondert entstehender Glieder, die wir
so oft bei der verbergenden wie bei der auffälligen Tracht am
Werke finden. Beim Männchen trägt auch die Unterseite des Vorderflügels einen orangefarbenen Anflug — doch wie sorgfältig
ist er nach außen begrenzt, um ja in der Ruhestellung unter dem
Hinterflügel völlig geborgen zu sein!

In allen Lebensphasen trägt also die Erscheinung dieses kleinen
Falters Merkmale, die in verschiedener Weise auf Augen einwirken: verbergend die einen — sie sind in der Mehrzahl — heraus-
hebend die andern.

Das Geheimnis der visuell wirksamen Erscheinungen, mag es
sich um eine farbige, hochgestaltete Blüte, um das Flügelmuster
eines Falters, um die Zeichnung eines Fisches handeln, ist nicht
geringer als das des sehenden Sinnes selbst. Die Lebensforschung
wendet darum der Erforschung dieser auf Augen wirkenden Organisation dieselbe Beachtung zu, welche sie der Untersuchung
der Sinnesfunktionen gibt.

Unser Gang durch die Erscheinungen der visuellen Strukturen
und vor allem durch die vielen Mittel der Tarnung wollte einige
der wichtigsten dieser Erscheinungen vor Augen führen. Er

möchte aber noch weiter wirken und den Leser anregen, selber diesen Gestaltungsregeln nachzugehen und sich damit eine Quelle großer und reiner Freuden im Umgang mit den lebendigen Gestalten unserer Heimat aufzuschließen. Was uns ein kurzer und so unvollständiger Einblick in das Leben des Aurorafalters zeigt, das ist in ungezählten Varianten zu finden und zu ergründen. Solches Forschen bringt nicht allein Beiträge zur wissenschaftlichen Erkenntnis — es bringt ins Leben eines jeden von uns Erneuerung und volleres Teilhaben am Reichtum der lebendigen Erscheinungen.

Sachverzeichnis